中国储气库商业化基本理论与实践

王盟浩 李森圣 何春蕾 何润民 等 著

石油工业出版社

内 容 提 要

本书借鉴国外储气库产业的发展历程与相关经验，探讨中国储气库产业的商业化基本理论。通过对储气库本质属性的解析，构建储气库商业化模式随天然气市场变化的优化模式，构建不同天然气发展阶段的储气库价值评估模型，并设计基于财务价值的储气服务产品模式以及不同产品的溢价机制。基于构建的理论，对储气库行业未来的实践进行探讨与展望。

图书在版编目（CIP）数据

中国储气库商业化基本理论与实践 / 王盟浩等著
. -- 北京：石油工业出版社，2023.4
ISBN 978-7-5183-5863-2

Ⅰ.①中… Ⅱ.①王… Ⅲ.①地下储气库—研究—中国 Ⅳ.①TE972

中国国家版本馆CIP数据核字（2023）第021598号

中国储气库商业化基本理论与实践
王盟浩　李森圣　何春蕾　何润民　等　著

出版发行：石油工业出版社
　　　　　（北京市朝阳区安华里二区1号楼 100011）
网　　址：www.petropub.com
编 辑 部：（010）64523570　　图书营销中心：（010）64523633
经　　销：全国新华书店
印　　刷：北京中石油彩色印刷有限责任公司

2023年4月第1版　　2023年4月第1次印刷
740毫米×1060毫米　开本：1/16　印张：10
字数：120千字

定　价：98.00元
（如发现印装质量问题，我社图书营销中心负责调换）
版权所有，翻印必究

编委会

主　编：王盟浩　李森圣　何春蕾　何润民
成　员：周　建　王富平　李宝军　李　仲　杨再勇
　　　　冯　勐　王智雄　段言志　邹晓琴　谭　琦
　　　　王瀚悦　陈　灿　李　锐　李　进　李孜孜
　　　　谢雯洁　唐诗国　曾　刚　曹　强　毛川勤
　　　　王　莅　熊　伟　罗旻海　周　娟　幸　穗
　　　　刘孝锋　谭　聪　王　宇　敬兴胜　崔　跃
　　　　程　晶　林业琦　蒲蓉蓉　杨　蕾
　　　　郭杰一　姚　莉　李　季　钟　琳　李丛菲
　　　　付　斌　李映霏　任雨涵　蒋　龙　高　芸
　　　　蒲永松　向　玉

推荐序

近年来,我国为解决天然气冬季调峰问题,地下储气库建设取得了长足进步,但仍然是目前我国天然气产业链短板。随着以可再生能源为主体新型能源体系建设的推进,季节性调峰矛盾将更加突出,预计占年消费量 20%。因此,加大地下储气库建设,不仅有利于支撑季节性调峰,而且对天然气对外依存度偏高条件下国家能源安全将产生积极影响。

《中国储气库商业化基本理论与实践》一书聚焦于解决储气调峰能力不足这一多年来困扰天然气产业健康发展的重大难题,创新构建了中国式储气库商业化模式理论和方法体系,对于更好发挥天然气储气库在能源安全与调峰保供中的作用具有重要理论意义和实践价值。

中国工程院院士

2023 年 4 月 23 日

前　言

储气服务本质上是一种仓储服务，但受限于工程实践规律，又区别于普通仓储服务，受到多方面的限制。储气服务可调配的资源有限，对于单一储气库，其在储气量、注采能力、注采周期等方面受到约束。在这些约束存在的情况下，要对储气库的资源进行优化配置，在达到调峰目的的同时，尽可能扩大盈利，就需要基于局限的资源形成合理的产品组合，并针对不同产品形成合理的价格机制。根据此思路，本书主要探讨了中国储气库商业化的基本理论架构，并形成以下主要理论成果。

（1）获得国内储气库产业在天然气市场化改革大背景下发展的五点认识。

① 与管输分离而独立运营是储气业务运营管理的发展趋势；

② 储气业务独立运营使得储气环节单独定价成为必然；

③ 随着储气库财务价值在中国的呈现，未来对储气库的关注将逐步由产业价值转向其财务价值；

④ 储气环节定价机制要与本国天然气产业的发展情况相适应；

⑤ 需要建立和完善相关的法律法规和监管政策，促进储气业务的

竞争和规范。

（2）明确储气服务基本定价机制随天然气市场发展阶段的适用情况。

针对不同的市场环境，储气库的各种定价机制具有不同的适用性。随着天然气市场的发展，天然气市场化程度的逐渐增加，适用于相应市场的储气库定价机制也会发生变化。推荐在管制阶段采用成本加成法定价，在过渡阶段采用服务成本法定价，在市场化阶段采用服务成本法和基于财务价值的合理溢价进行定价。

（3）明确储气服务的基本商业化理论，并基于理论建立在不同天然气市场发展阶段的产品组合形式。

从储气服务本质属性出发，提出储气服务商业化的基础理论：储气服务具有双重属性，即易逝资产属性及套利属性。基于这两种属性，针对储气产品财务价值的不同，对储气库产品进行细分与差别性定价，实行收益管理，是储气库商业化运营的基本思路。

储气服务产品组合应该在商业效益与调配难度之间做出平衡。在调配满足需求的情况下，多样化的产品有助于储气库商业价值的实现。

设计从时段产品到日前产品的一系列不同注采自由度储气产品，分为统一调配产品（非捆绑产品）和注采捆绑产品两类。随着注采自由度的提升，产品的溢价能力提升，调配难度也随之提升。

在天然气市场化程度较高的情况下，综合考虑商业效益与调配难度，应当采用尽可能多样化的产品；在天然气市场化程度较低的情况下，考虑用户需求和调配难度，则应该采用相对简单的产品。

（4）提出适用于中国市场化改革中的储气服务价值评估模型，并明确不同价值评估模型在不同天然气市场发展阶段的适用性。

研究在欧美市场环境下已有的价值评估方法，结合中国市场现状，提出一种适用于中国天然气市场化改革过渡阶段的价值评估方法。在天然气市场化和储气库商业化的初期，这种价值评估方法能够有效用于评估储气库的财务价值。

历史价格模型的主要特点为：针对单一历史价格曲线进行计算，同时适用于变化的交易周期；价格模式市场化程度越低，历史价格模型评估结果越可靠；使用改革节点前后的天然气历史价格曲线对储气库进行价值评估，能够有效追踪储气库在改革进程中财务价值的变化。

（5）提出基于调配难度和基于价值评估的两种储气服务产品价格浮动机制，并明确不同价格浮动机制在不同天然气市场发展阶段的适用性。

应用服务成本法计算储气服务的基准价格，分为容量费和用量费。其中，容量费随不同产品调配难度、财务价值等因素发生变化，用量费则仅由运行成本决定。

在天然气市场化程度较高的情况下，随着产品财务价值的增加，调配难度会显著增大。但在天然气市场化程度较低的情况下，产品调配难度增加也并不会导致财务价值的显著增加。因此，在天然气市场化程度较低的情况下，应该根据产品的调配难度设计价格浮动机制；在天然气市场化程度较高的情况下，应该根据产品的财务价值设计价格浮动机制。

（6）根据本书所构建的理论体系，探讨四川盆地储气库产品及价格模式的实践。

川渝地区天然气市场目前处于过渡阶段的初期，考虑到储气服务市场尚处于推行阶段，应采用理论中管制阶段或过渡阶段初期的推荐方案。未来四川盆地储气库运营将主要以平台公司形式进行，作为四川盆地第一家储气库运营平台公司，重庆天然气储运有限公司（简称重庆储运公司）是实证研究的主要对象。

根据市场阶段与研究理论成果，推荐重庆储运公司在运营初期采用"代储代管+自储自销"的运营模式，在运营初期采用"注采季产品"作为单一的产品出售，并基于调配难度对产品进行溢价。

在川渝地区市场化程度进一步发展后，重庆储运公司应根据发展阶段选择理论成果中相应的运营模式、产品组合及价格模式。

目 录

1 国内外储气库产业现状及中国发展趋势研究 ··············· 1
1.1 国内外储气库建设发展现状 ················· 1
1.2 国内外储气库运营定价机制 ················· 5
1.3 国内外储气库运营定价理论研究 ··············· 19
1.4 中国储气库相关政策、法律法规及环境 ············ 25
1.5 中国储气库产业存在问题及发展趋势 ············· 30
1.6 主要认识 ·························· 36

2 储气服务基本运营模式与定价方法理论 ··············· 40
2.1 储气库独立运营模式 ····················· 41
2.2 储气服务基本定价机制 ···················· 48
2.3 天然气市场化发展程度 ···················· 52
2.4 定价机制适用范围 ······················ 53

3 储气服务产品组合模式优化设计理论 ················ 56
3.1 储气服务商业化理论基础 ··················· 57
3.2 储气服务产品设计 ······················ 64
3.3 储气服务产品组合情景分析 ·················· 69

4 储气服务产品财务价值评估理论 ································ 74
4.1 国内外天然气价格模式 ································ 75
4.2 欧美储气服务产品价值评估模型 ································ 80
4.3 中国储气服务产品价值评估模型思路 ································ 81
4.4 中国市场化改革下的储气库价值评估 ································ 91
4.5 储气库注采能力价值变化 ································ 95

5 储气服务产品价格浮动机制理论 ································ 107
5.1 服务成本法定价计算基础费率 ································ 109
5.2 基于调配难度的产品价格浮动机制 ································ 113
5.3 调配难度和价值评估结合的产品价格浮动机制 ································ 115
5.4 基于价值评估的产品价格浮动机制 ································ 116

6 四川盆地储气库商业化运营实践探索 ································ 119
6.1 西南地区储气库发展及运营现状 ································ 120
6.2 合资公司运营及产品模式实践 ································ 122
6.3 合资公司产品价格机制实践 ································ 128
6.4 合资公司运营建议 ································ 130

7 结论及建议 ································ 133
7.1 主要结论 ································ 133
7.2 相关建议 ································ 136
7.3 应用指南 ································ 137

参考文献 ································ 141

1 国内外储气库产业现状及中国发展趋势研究

引言

本书主要研究在中国目前的形势下，储气库以储气服务的形态进行商业化运作时所需要的理论基础，并聚焦于产品组合设计及定价机制等具体问题。本章作为全书的开端，旨在综述国内外储气库建设、运营以及理论研究等多方面的现状，作为后续章节进行创新性研究的理论基础。

本章主要调研国内外储气建设与发展的现状，国内外储气库运营模式、现有定价机制的运作方式，国外储气库已投入应用的产品组合模式，国内外关于储气库运营定价问题的理论研究。分析中国储气库行业存在的问题及发展趋势，并得出相应的经验与启示。

1.1 国内外储气库建设发展现状

1.1.1 中国储气库建设发展现状

中国储气库经过 20 年发展建设，已建成气藏型和盐穴型两类储气库共 27 座，按地域可分为 10 座库群，分布在东北、环渤海、长三角、中南等 7 大区，具体包括东北地区辽宁双 6 储气库、环渤海地区天津大港（包括板桥和京 58 两座库群，共 10 座储气库）和河北苏桥库群（苏 1、苏 4 和顾辛庄等 5 座储气库）、长三角地区江苏金坛储气库和刘庄储气库、中南地区河南文 96 储气库、西南地区重庆相国寺储气库、西北地区新疆呼图壁储气库和中西部地区陕西陕 224 储气库。储气库建设单位以中国石油为主（23 座），中国石化次之（3 座）。港华燃气（1 座）是中国目前唯一一个参与储气库建设的民营企业，其建设的港华金坛储气库于 2019 年 10 月在江苏常州金坛举行项目投产仪式。目前中国石油 23 座储气库已建成调峰能力超 100×10^8 立方米，调峰覆盖 10 余省市，大大缓解了冬季用气紧张局面。中国储气库总调峰能力约 120 亿立方米，约占中国 2021 年天然气消费量的 4%，远低于 12%～15% 的世界平均水平。

1.1.2 国外储气库建设发展现状

1.1.2.1 美国

储气库建设概况。

截至 2017 年，美国在役储气库 392 座，总工作气量 1339 亿立方米（见表 1–1），占全球总量的 32%，占美国天然气消费量的 18%。美国储气库在天然气产业链中是一个独立的重要环节（如图 1–1 所示）。

表 1–1 美国储气库统计（截至 2017 年年底）

储气库数量（座）				工作气量（十亿立方米）			
盐穴型	枯竭油气田	含水层	总计	盐穴型	枯竭油气田	含水层	总计
37	311	44	392	13.8	107.6	12.5	133.9

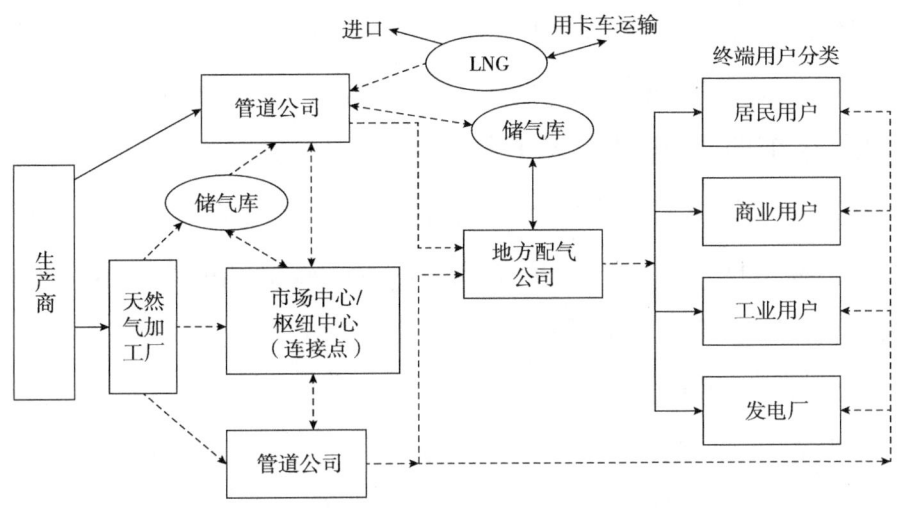

图 1-1 美国储气库在天然气产业链中的地位

1.1.2.2 欧盟

欧盟天然气市场开发比美国晚 30 年，2000 年左右达到平稳期。与美国相似，欧盟储气能力开发相比天然气市场开发有 10 年的滞后。2015 年欧洲在运行的储气库共 163 座（欧盟 145 座），建设中 9 座，规划 32 座。其中，德国 57 座，占欧洲总数量的 35%（欧盟 39%）。欧洲储气库总工作气量 1460×10^8 立方米，在建工作气量 16×10^8 立方米。其中，欧盟国家储气库总工作气量 1080×10^8 立方米，在建工作气量 15×10^8 立方米，2025 年工作气量将达到 1160×10^8 立方米。德国拥有欧盟最大工作气量 245.7×10^8 立方米。乌克兰是欧洲最大储气国，工作气量达到 319.5×10^8 立方米。意大利、荷兰、法国及奥地利工作气量大于 80×10^8 立方米。英国规划储气量达到 124.6×10^8 立方米。

中欧储气库工作气的容量占该地区消费量的 14.7%。捷克共和国输气公司 Transgaz 的 Pribram 储气库（废矿井）投入使用，其储气库的工作气容量为 5500×10^4 立方米。波兰正准备在 Wierchowice 附近将一个枯竭气藏建成一座容量为 43×10^8 立方米的储气库。捷克共和国正在 Dolni Bojanovice 附近的枯竭气藏新建一个储气库，工作气容量为 3×10^8 立方米。澳大利亚的 4 个储气库全是枯竭气藏，储气能力为 12×10^8 立方米。

欧洲储气库大部分为含水层型储气库，枯竭油藏型储气库极少。含水层型储气库一般都是水驱油气藏，都有较活跃的边地水，很容易侵入气藏，影响工作气的采收。

1.1.2.3 俄罗斯

苏联地下储气库建设工作起步较晚（1959 年在莫斯科附近修建了肯卢什地下储气库），但发展很快。1960 年有 4 座地下储气库投产，1980 年有 29 座，1990 年已达到 46 座，其中枯竭气（油）藏型 32 座，水层型 13 座，盐穴储气库 1 座，没有废煤矿型储气库。

俄罗斯地下储气库总的有效容积为 950×10^8 立方米，商品气的储量为 626×10^8 立方米，冬季最大的日采气量为 5.68×10^8 立方米。地下储气库采气井有 2500 口，地下储气库压气站的额定功率超过 1000 兆瓦。2002 年年初，由于天气寒冷，莫斯科等 5 个主要城市约 30% 的天然气由地下储气库供给。目前俄罗斯天然气工业股份公司（Gazprom）经营着 24 座地下储气库，其中 7 座建在水层，17 座建在枯竭凝析气田。准备建在盐穴的 4 个地下储气库项目处于论证、投资、设计和建设的研究阶段。在天然气出口季节，俄罗斯建造的地下储气库系统可以保证 Gazprom 日供气量的 20%～22%。目前，Gazprom 正在对拟建的伏尔加格勒和特维尔州地下储气库进行新的地质勘探和设计前的准备工作，同时为保证从西西伯利亚到中国的新的天然气出口线路的供气安全，在鄂木斯克、托木斯克和新西伯利亚州建设地下储气库的问题也在研究中。

1.2 国内外储气库运营定价机制

1.2.1 中国储气库运营定价机制

随着中国储气库产业化与天然气市场化的共同发展，储气库的运营模式经历了从"储输捆绑"向独立运营的过渡，目前开始进行以合资公司形式独立运营储气库的初步尝试。定价机制也经历了由最初包含在管输费中，转向一部制收费，随后开始向两部制过渡的不同阶段。本节介绍储气库运营模式、价格机制在中国的发展历程以及目前所处阶段。

1.2.1.1 管理与运营

（1）"储输捆绑"式。

这一类储气库是由上市企业（主要是中国石油天然气业务板块）投资建设，其特点是储气库与长输管道捆绑。早期中国石油这类储气库由天然气与管道分公司管理，具体由各区域管道公司建设和运营（如图1-2所示）。报批时与长输管道一起，由国家发改委核准投资建设。投资、成本费用和管道的经济效益捆绑测算，相应的储气费计入管输费中。由于储气库与管道捆绑，主要服务于管道安全运行。

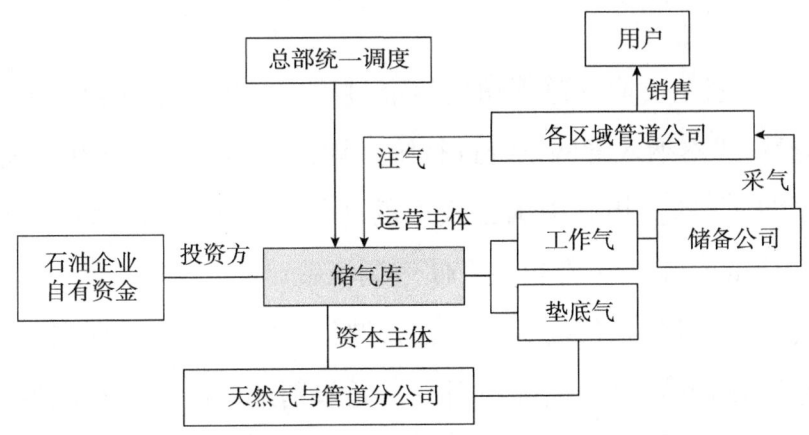

图1-2 储气库与管道捆绑式的运营管理模式

（2）捆绑式到独立运营的过渡式。

2010年开始，国家通过所得税返还拿出数百亿的资金支持建设地下储气库。这批储气库的特点是不与管道捆绑，而是由上游油气田企业负责日常管理。中国石油这类储气库由上游勘探与生产公司管理，各油气田企业负责建设和运营。与前一类储气库不同，这类储气库与管道是分离的，既可服务于管道，也可服务于生产和销售，对下一步储气库独立运营改革更为有利。

（3）合资公司独立运营。

随着天然气市场化的发展，响应国家政策对储气库效益化运营的号召，中国部分储气库开始进行以合资形式独立运营的尝试。目前，已有合资公司初步开始独立运营部分储气库。以川渝地区为例，由2020年建立的重庆储运公司对新建的铜锣峡、黄草峡储气库进行独立运营。具体的运营、价格模式，尚在探索中。

1.2.1.2　定价机制

储气库定价发展历程。

早期中国地下储气库没有实行单独定价，主要是石油企业内部结算价。

此前国家在长输管道管输费核准过程中，考虑了配套地下储气库并将其投资成本纳入管网系统进行统一评价，储气费包含在管输费中，由全体用户共同负担。中国已投产的西气东输一线和二线、忠武线、陕京管线等的管输费中都包含有储气调峰费。

在国家实行门站价格管理后，含储气费的管输费包含在门站价格中，通过门站价格向后顺价到用户，无差别地向所有用户收取。根据国家发改委对跨省管道运输企业开展的定价成本监审，从2017年9月

1日开始,新的管输价格中不含储气调峰费。

2015年10月,国家发改委发布重新修订的《中央定价目录》(国家发改委2015年第29号令),将储气库从中删除。2016年10月,国家发改委下发《关于明确储气设施相关价格政策的通知》(发改价格规〔2016〕2176号),进一步明确储气设施天然气购进价格和对外销售价格由市场竞争形成。

目前,中国石化有在用储气库文96、金坛,在建储气库文23。文96的储气费包含在门站价内,由销售部门和管道部门进行核算,管道每往储气库输入或者输出天然气,均按0.05元/立方米收费,并分摊至气价。2017年在上海石油天然气交易中心进行挂牌交易。目前金坛储气库的运作模式同文96一致。

2017年9月前,中国石油所属储气库储转费包含在管输费中。2017年9月管输定价改革后,管输费不再包含储转费,按照"准许成本+合理收益"原则核定(收益率8%),并由中国石油天然气股份有限公司销售公司(以下简称天然气销售分公司)向管道企业支付。

1.2.2 国外储气库运营定价机制

1.2.2.1 美国

美国现代储气库运营模式是随着天然气市场发展、监管体制变化而逐步形成的。1992年以前,美国储气库也是天然气管网的组成部分,其投资与运营成本计入管输费,储气库不对第三方开放,见图1-3(a)。1992年联邦能源监管委员会636号令颁布,强制要求州际管道公司剥离销售业务,管道、储气网络向第三方开放,保证其他天然气供应者能够得到公平的、相同质量的运输、储气服务,见图1-3(b)。

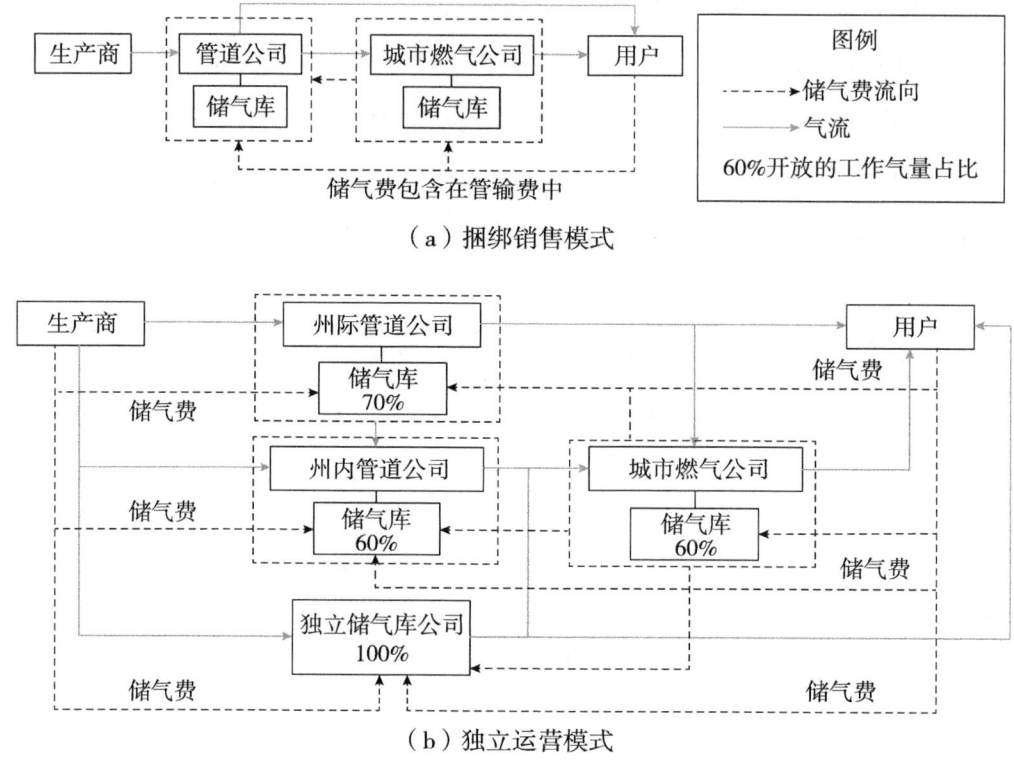

图 1-3 美国储气库运营模式

储气库运营主体多元化,工作气量大部分向第三方开放。636号令颁布后,美国储气库在容量增长的基础上进一步主体多元化,2011 年 EIA 数据显示,美国大概有 123 家储气经营商,可分为 3 类:州际管道公司,拥有工作气量的 60% 向第三方开放;州内管道公司和城市燃气公司,拥有工作气量的 70% 向第三方开放;独立的储气库经营商,拥有的工作气量全部向第三方开放。开放的储气库运营商负责储气库的日常生产、经营管理,主要责任是向各类天然气运销商提供注气、采气服务,收取储转费,一般不拥有储气库内的天然气。总体来看,管道中输送的或储气库中储存的天然气有 60% 属于城市燃气公司，27%属于营销公司，7%属于管道公司输送过程中的暂存量。

（1）储气费率的分类。

在联邦能源管理委员会（FERC）和州内监管机构指令下，美国对开放的储气库逐步施行了市场型费率和协商型费率。2000年以来，受FERC和州监管的新建、扩建储气库中约70%执行了市场型和协商型费率。

市场型费率分为两种情况：在美国储气库市场工作气份额占10%以下的储气库运营商可以自由决定储气费率；而工作气份额占10%以上的储气库运营商必须每5年向FERC报告其市场状况，由FERC核定其费率的合规性，执行监管。以上两种费率均要求通过一定方式公布单位储气费用、单位工作气能力、单位抽取能力、单位注入能力等关键信息，由储气库用户选择。高峰期/非高峰期或季节储气价格随供需波动。

协商型费率主要考虑到特定地区需要鼓励建设储气设施，同时市场竞争不充分，监管机构在考察相关用户利益的基础上批准实施。

（2）服务成本法定价。

市场型费率和协商型费率均基于服务成本法确定基准价格，费率形式采用两部制计价。储气费率包含服务成本和合理范围内的投资回报，也就是按服务成本收取储气能力占用费和储气库使用费。储气能力占用费包括储气库容量费和日最大采出流量费，按用户合同预订的储气容量和日最大采出流量收取，与实际使用量无关；储气库使用费分为注入费和采出费，按用户的实际注入和采出气量收取。其基本思路是固定成本平均分配到采出流量费和容量费，变动成本分配到注入费和采出费用，具体费用组成及定价思路如图1-4所示、见表1-2。

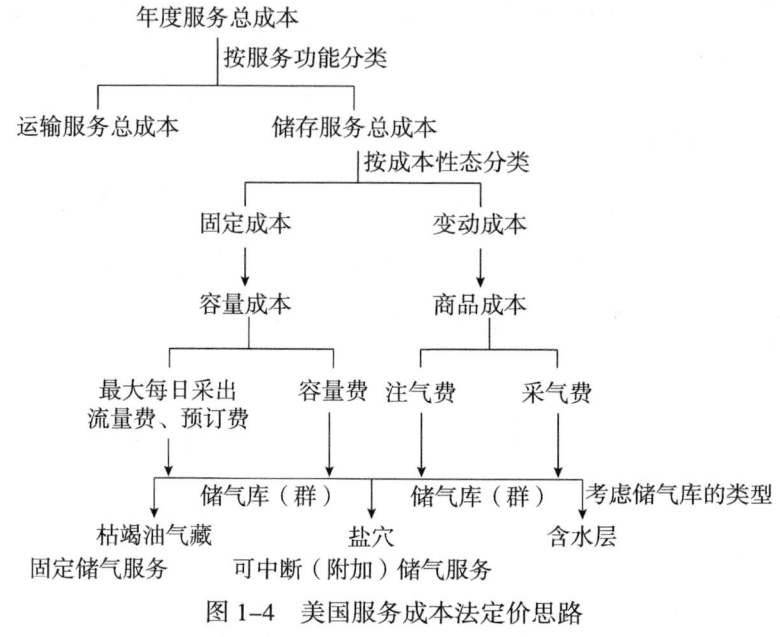

图 1-4 美国服务成本法定价思路

表 1-2 美国储气库储气费的费用组成及计算依据

费用类别		费用含义	计算依据
储气能力占用费	采出流量费	合同预订最大每日采出量	50% 固定成本
	容量费	合同预订储气容量	50% 固定成本
储气库使用费	注入费和采出费	实际注入/采出气量	变动成本

美国服务成本法定价的主要特点是建立"标准储气单元",所谓"标准储气单元"一般包括注气、采气能力、储气容量以及储存时间等指标,并明确标示各项费用。由于各种储气库地质、技术特征不一,各个储气库的"标准储气单元"也不一致,费率差异明显(见表 1-3)。储气用户可根据市场预测直接向储气运营商订购,也可在二级市场购买、转让。按服务成本确定的储气费,不同服务类别,如固定储气服务、临时储采服务、可中断储气服务、暂存和借贷服务等,其费率水平不一样(见表 1-4)。

1 国内外储气库产业现状及中国发展趋势研究

表 1-3 美国州际管道公司"标准储气单元"储气库费率样本

费用类别		最大费率 （美元/万立方米）	最小费率 （美元/万立方米）
储气能力占用费	月度空间预留	42.26	0.00
	月度注入量预留	1500.75	0.00
	月度采气量预留	744.15	0.00
储气库使用费	储备注入量使用费用	20.64	20.64
	超过注入量使用费用	131.36	20.64
	储备采气量使用费用	20.64	20.64
	超过采气量使用费用	131.36	20.64

表 1-4 美国部分储气库费率标准

公司名称	费率标准（美元/千立方米）				年均费用 （美元/千立方米）	储气库类型
	预订费		使用费			
	日最大采出能力费率	容量费率	注气费率	回采费率		
ANR Storage	85.7132	0.8746	0.2871	0.2871	26.4286	枯竭油气田
Blue Lake Gas Storage	64.3821	0.9196	0.3536	0.3536	20.7143	枯竭油气田
Columbia Gas Transmission	53.7857	1.0321	0.5464	0.5464	24.6429	枯竭油气田
Dominion Energy	64.2286	0.5179	0.5500	0.5500	20.0000	枯竭油气田
Michigan Gas Storage	30.1357	4.8500	0.6786	0.6786	7.5000	枯竭油气田
Midwest Gas Storage	161.6857	1.6536	0.2000	0.2000	34.2857	含水层
National Fuel	76.9857	1.5429	0.4964	0.4964	16.7857	枯竭油气田
NGO Transmission	58.4750	1.1429	2.5929	2.5929	12.8571	枯竭油气田和含水层
Northern Natural Gas	56.6929	13.7643	0.8036	0.8036	26.7857	枯竭油气田
Panhandle Oil & Gas	106.0714	15.1643	1.3750	1.3750	25.3571	枯竭油气田
Questar Gas Company	101.9750	0.8500	0.3750	0.3750	22.5000	含水层
Transco	97.1714	0.5429	1.1500	1.1500	27.8571	枯竭油气田和盐穴
Trunkline Gas Company	128.5179	20.5964	0.0179	0.0179	27.5000	枯竭油气田
Young Gas Storage	55.7857	2.1071	0.7143	0.7143	14.6429	枯竭油气田

储气能力交易采用合同化机制，鼓励长期租用。需要使用储气能力的客户可与储气运营商签订合同，合同有长期与短期之分。长期合同时间一般在1年以上，先期拥有储气合同的用户可优先续约。按照合同要求，储气客户必须支付月度预订费，以取得选定时期内注气、采气和储气容量的权利。预订费是固定收费，与客户最终实际使用的储气能力无关。同时，客户还需要支付可变费用，即当客户实际使用时，需要根据实际注采量支付可变费用。预订费一般占储气库运营商长期合同收入的最大份额。储气短期合同时间通常在1年以下。与长期合同不同，短期合同客户必须在特定的时间注入和采出定量天然气。这种方式下，客户只需要支付固定费用。储气库运营商除通过合同销售获取收入外，还可以依靠自身资产优化扩大盈利能力，主要原因是有一部分储气能力没有销售，或者销售出去后，在特定时期并没有被客户完全利用。因此，储气库运营商可以自己注入、采出和销售天然气来套利。

1.2.2.2　欧盟

（1）监管政策演变。

20世纪90年代后期，天然气生产、进口、储气库、长输管网与地方配气管网、下游天然气销售等多由垂直一体化的国有控股公司掌控，储气成本计入天然气价格。1998年欧盟颁布"第一号欧盟天然气指令"（98/30/EC），开始放开对天然气产业的管制，在输气、配气、储气业务上推行协商性或强制性第三方准入机制。2003年欧盟颁布"第二号欧盟天然气指令"（2003/55/EC），规定2007年年底前全面开放天然气市场，长输管网、配气管网、LNG接收站的运营与天然气贸易在法律上拆分；对大型基础设施投资项目（长输管道、地下储气库、

LNG接收和存储设施）可在一定时期内豁免第三方准入义务。2009年颁布"第三号欧盟天然气指令"（2009/73/EC），2009年及以后投产的输气管道、储气设施必须适用所有权拆分，申请到豁免权的除外；2009年以前投产的输气管道、储气设施可以选择采用所有权、经营权和管理权三种拆分方式中的一种（见表1-5）。

表1-5 欧盟储气库监管政策的演变

政策及指令	政策要点
98/30/EC	1）要求管网、储气库及LNG接收站实行"第三方准入" 2）自然垄断业务在一体化企业内要与其他业务进行财务分离
2003/55/EC	1）一体化企业完成管输（含储气）与销售的拆分 2）2007年7月之前向用户开放市场
2005年储气公开准入指导原则	1）无法律约束力 2）未来欧洲储气市场的基本原则和政策导向
2007年9月立法建议	强制拆分大型能源企业的管输与销售业务，实行"第三方准入"
715/2009监管条例及2009/73/EC指令	1）2012年3月，储气与管输和配气在法律上分离 2）各国监管机构对储气开放制定准入条件

（2）储气库运营管理模式。

随监管政策的逐步推进，欧盟主要国家储气库业务逐步转向独立经营的商务模式，并向第三方公平开放。但不是所有的储气设施都允许第三方准入，符合以下3个条件可以得到豁免：缺乏剩余储气能力；第三方准入阻碍运营商履行公共服务义务；在"照付不议"条款下，第三方准入可能引起储备运营商陷入严重的经济和财务危机。

目前，欧盟几个主要储气大国的储气库基本运营管理模式是公司化运营。欧盟市场上的储气库业务大部分仍然掌握在原有垂直一体化公司的手中（只是进行了管理权拆分），基本由大型能源公司、天然气公司、电力公司、管道公司或城市燃气公司掌控，其储气库子公司负责具体运营，相互之间储气业务分离，进行独立商业运营。还有小部分国家储气业务是由上游的气田开发公司运营管理，储气成本纳入整个气田的经营成本，没有独立核算，储气库的作用是优化生产，满足市场需求。

（3）储气容量产品。

储气库容量按销售方式分为绑定容量和非绑定容量（或称额外容量），按稳定性分为固定容量和可中断容量。储气库储存容量以能量为单位，细分为工作气量、注气速率及采气速率。绑定容量将工作气量、注气速率及采气速率绑定销售，而非绑定容量将三者分开销售。绑定容量/非绑定容量与固定容量/可中断容量组合形成4类交易储气容量：固定绑定储存容量、固定非绑定储存容量、可中断绑定容量及可中断非绑定容量。客户根据季节性需求订购储气容量组合，达到灵活利用储气量的目的。

结合价格情况可分为固定价格产品、浮动价格产品、月产品及附加产品。其中，固定价格产品和浮动价格产品又称年产品，附加产品又分为可中断平行产品、短期交易产品及转运服务。固定价格产品是指由运营商给定固定价格的储气产品，一般可订购未来15年的产品。浮动价格产品是指由市场决定价格的储气产品。月产品是指每年未销售的绑定容量将以月产品的形式销售，一般不受储气量约束，只定义最大注采速率（无注采曲线）。短期交易产品是指日注采速率的交易，客户从储气库运营商的短期公告栏购买短期容量，并允许客户间交易。可中断平行产品也称自由曲线产品，购买可中断平行产品后，可不受注采特性曲线的限制使用订购的储存容量。转运服务是指当储气库运营商管理多个储气库时，允许储气库间容量的转移。该服务可用于固

定 / 可中断的绑定 / 非绑定容量转运，适用于长期订购合同，且未选定储气库的情况，进一步优化储气组合。

（4）储气服务的定价。

欧盟大部分国家选择谈判确定储气费的方法，储气费主要包括储气能力占用费和储气库使用费。

欧洲地下储气库的定价机制有协商定价和政府管制定价两种。欧盟要求，在技术和经济上有必要展开竞争的地区，均应采用协商定价。目前欧洲大部分国家都选择以协商确定储气库价格的方法。只有在储气服务处于垄断状态下，才采用政府规定的储气价格。在政府管制定价的情况下，监管部门通常根据成本加合理利润确定储气费。

在协商定价的情况下，储气库公司为了保持价格的透明度，一般都会公布储气服务产品相对应的指导价格。指导价格只是作为协商的参考，运营商会根据情况的变化随时复核和调整储气费，具体执行的价格是协商确定的价格。协商定价的基础是储气库的服务成本，监管部门要对储气费进行管制。不同的国家、不同的储气库公司在储气费的费用科目设计上不完全相同，但是基本费用科目是一致的。储气库的价格受地域差异及储气库类型影响，不同价格机制决定各国储气库价格不同。一般欧盟管制定价的储气库价格低于协商定价，盐穴储气库的价格高于其他类型的储气库。

① 英国地下储气库的定价。

截至 2015 年 10 月，英国在运营的地下储气库共 10 座，总工作气量约 52 亿立方米，占英国天然气年消费量的 7%（见表 1-6）。另有在建和规划储气库 13 座，工作气量 95 亿立方米。

表1-6 英国储气库情况

序号	项目	类型	工作气量（百万立方米）	监管方式
1	Rough	枯竭	3728	协商定价
2	Holford	盐穴	168	监管定价
3	Aldbrough	盐穴	330	第三方准入豁免
4	Humbly Grove	枯竭	283	第三方准入豁免
5	Hole House Farm	盐穴	50	第三方准入豁免
6	Hatfield Moor	枯竭	116	第三方准入豁免
7	Hornsea	盐穴	325	协商定价
8	Hilltop Farm	盐穴	22	协商定价
9	Stublach	盐穴	100	协商定价
10	Stublach (Development Phase1)	盐穴	100	协商定价
合计			5222	

在定价方式上，英国地下储气库既有管制定价也有协商定价。管制价格由政府制定，协商定价由储气库运营商依据服务成本法测算发布并受到政府监管。下面以Centrica公司经营的Rough储气库为例具体说明英国储气库的价格情况。

Rough储气库提供标准储气服务（S-Store）、可选储气服务（C-Store）和虚拟储气服务（V-Store），每种服务均以"标准捆绑单位"（SBUs）作为定价单位，例如可选储气服务中的1个SBUs含有1千瓦时/天的运输能力、66.593407千瓦时的储气库容量、0.351648千瓦时/天的注气能力和183千瓦时的吞吐量，有效期67天。同时，用户也可单独购买未捆绑的储气库容量。

根据提气通知时间，储气服务细分为日内（Within day）和日前（Day ahead）两种，前者的价格稍高于后者。

Centrica 公司提供的储气服务合同在价格条款上分为固定价格和指数化价格两种。固定价格即根据服务成本法测算出来并公示的储气库价格。指数化价格由日内（或日前）因子乘以每日价格指数确定，其中每日价格指数由《Heren 欧洲天然气现货市场》《阿格斯欧洲天然气》以及州际交易所（ICE）上的 NBP 期货价格等确定。总体上，储气库的指数化价格相当于参考了天然气现货期货市场冬夏季的季节差价，具有明显的季节性波动特征。最新储气库标准储气服务价格见表 1-7。

表 1-7　Rough 储气库 S-Store 价目表

价格项目	2016—2017	2017—2018	2018—2019
固定价格			
当日标准捆绑单位价格（便士/色姆）	17.78	18.67	19.23
日前标准捆绑单位价格（便士/色姆）	17.49	18.36	18.92
未捆绑容量	12.0	12.0	14.0
指数化价格			
日内因子（无因次）	2.45	2.45	2.45
日前因子（无因次）	2.40	2.40	2.40

② 法国地下储气库的定价。

截至 2015 年 10 月，法国在运营的地下储气库共 20 座，总工作气量约 122 亿立方米，占法国天然气年消费量的 31%。法国 Storengy 公司为欧洲第一大储气库运营商，目前在法国有 15 座储气库，储气库库容 105 亿立方米。

Storengy 公司的储气库定价也是基于服务成本法，综合考虑储气库的内在价值、外在价值及战略价值，自主定价。同时，政府要求运营商必须公布主要商业条件、业务内容、产品及其价格信息，所公布的价格信息作为用户购买服务的参考。

Storengy 公司将 15 个储气库分为北区和南区 6 大储气库群进行管理和确定储气库价格。在储气服务类型上，Storengy 公司提供基础产品和附加产品两大类，其中基础产品采用两部制定价，分为容量费率和注入费率、提取费率。附加产品主要是针对额外购买的注入、采出能力以及超额的注入、采出量的价格。Storengy 公司最新储气库价格见表 1-8 和表 1-9。

表 1-8　2015—2016 年 Storengy 公司基础产品费率表

地区和储气库	北区				南区	
	Serene Nord	Sediane Nord	Sediane B	Serene Littoral	Serene Sud	Saline
固定费用价格（欧元/年/兆瓦时）	4.08	7.7	7.3	4.66	4.66	13.78
最低固定费用价格*（欧元/年/兆瓦时）	3.88	7.32	6.94	4.43	4.43	13.09
注入（欧元/兆瓦时）	0.35	0.35	0.35	0.35	0.35	0.35
提取（欧元/兆瓦时）	0.12	0.12	0.12	0.12	0.12	0.12

*注：连续预订 2 年折扣 2%，最低固定费用价格为连续 3 年或 4 年的折扣（5%）。

表 1-9　2015—2016 年 Storengy 公司附加产品费率表

类型	解释	价格	注入	提取
额外流量	合同约定容量之外提供的容量	可变期限价格（欧元/兆瓦时）	0.53	180
不使用即失去	用户未达到向储气库运营商约定的固定容量，仍按约定容量付费	最低固定费用价格*（欧元/兆瓦时）	0.37	0.80

*注：按最低价格适用于容量被全部认购的情况，否则，采用额外流量的价格。

1.2.2.3 俄罗斯

苏联解体后,俄罗斯储气库全部由俄罗斯天然气工业股份公司(Gazprom,简称"俄气")负责管理,根据地理区域设立若干个天然气运输子公司,地下储气库原则上附属相应的天然气运输子公司。俄气天然气经济研究所对储气收费标准等地下储气库经济指标进行了多次研究试验,试验结果证实,地下储气库总体处于亏损状态,其主要原因是管理上缺少透明度。2007年3月19日,为了优化俄气公司内部管理结构,将旗下全部地下储气库项目进行整合,从天然气运输企业和天然气开采企业中剥离出来,成为俄气的独立子公司——俄气天然气地下储存公司,负责俄罗斯地下储气库的运营管理。通过结构重组,完全解决了天然气和液态烃在开采、运输、加工、地下储存和销售等环节的资金流分配工作。对储气费用的单独核算、有效引入地下储气库服务的合理费率提供了条件。储气服务费用按照地下储气库天然气储存费、注气费和采气费收取,注气费和采气费是指地下储气库在注气和采气过程中的开支,地下储气库天然气储存费是单位储气费与储气库的工作气量的乘积。

1.3 国内外储气库运营定价理论研究

1.3.1 中国理论研究

中国储气库产业目前尚处在发展初期,主要依赖于天然气季节价格加成回收成本,缺乏储气服务产品,市场化程度低。现有的储气库盈利模式尚不清晰,运营机制难以推进储气产业的长期发展,因此需要合理的产品模式与价格机制来指导中国储气库市场化的推进。针对这一问题,近年来中国学者及研究机构从理论角度进行了一系列的探索。

已有公开论文方面：郑得文等（2015）研究了欧美储气库的管理运营模式，并借鉴其经验对中国储气库的建设与运营提出了建议。周怡沛等（2015）讨论了中国天然气的战略储备问题，并强调了储气库建设及储气库市场化改革对天然气战略储备的重要性。徐博等（2015）分析了美国储气库运营模式，并对构建中国储气库市场化运作模式提出了基本构想。肖君等（2017）给出了储气库运营的技术经济指标，提供了定性与定量评价储气库运营的方法。张刚雄等（2017）分析了中国储气库发展所面临的挑战，并结合国外发展经验，提出了建议。王震等（2017）建立了考虑随机波动与季节效应的储气库价值模型，使用数值模拟方法分析了国家政策与运营成本对投资积极性的影响，并根据模拟结果对中国储气库发展提出了建议。雷鸿（2018）讨论了中国储气库的发展现状以及面临的机遇与挑战，并提出了相应建议。张光华（2018）探讨了中国石化储气库的建设现状，总结了目前面临的问题，对储气库的建设与运营发展提出了建议。李伟等（2019）研究了美国独立储气库运营模式，并以此为借鉴，对中国储气库独立运营的发展提出了建议。

这些研究从不同的角度探索了储气库行业发展及运营的可行之路。通过这些研究可以看出，目前中国形势下对于储气库发展的主要共识在于，必须通过市场化的方式运营储气库，建设合理的储气服务运营机制，才能保障储气库产业在未来的快速与持续发展。

然而，也有其局限性，主要体现在：定性分析较多，缺乏定量的优化方法；借鉴模仿国外模式较多，缺乏对中国储气库实际运营数据的分析；关于运营模式的讨论较多，但缺乏落到实处的储气产品设计；

关于定价策略的讨论较多，但缺乏针对具体储气库运行参数的计算模型。

在中国储气库产业的发展形势下，西南地区天然气经济研究所也开展了关于储气库运营问题的一些科研项目研究。《中国天然气储气库运营机制研究》（2013）探讨了储气库运营机制的框架，提出了相应的政策要点与运行措施，对储气服务成本构成的关键因素进行识别，提出了储气服务的收费方案以及商业化运营的管理机制。《西南地区储气库服务价格研究》（2018）设计了西南地区储气库市场化运营的管理模式，确立了西南地区储气库市场化运营的设计内容与对象，并提出了4种具体的销售模式，给出了相应的基于服务成本法的市场化定价方法。这些研究推进了储气库市场化运营的设计与理解，为储气库市场化运营的推进奠定了基础。然而，这些研究也存在其局限性。

首先，提出的价格模式缺乏对储气服务盈利价值的评估，价格模式缺乏灵活性。例如，在同样工作气量占用的情况下，不同的注采能力占用合同显然具有不同的盈利价值；又如同样的工作气量占用、同样的注采时间以及同样的合同时间长度，但合同覆盖一年中的不同阶段，合同能够实现的盈利价值显然也不同。这些不同的合同价值均需要在储气服务的价格中得到体现，现有研究提出的方法无法实现这种灵活度。这种价值上的灵活性要通过价值评估模型进行计算，并体现在储气服务的价格上，就需要进一步研究。

其次，对于特定工作气量的储气库，现有研究虽然提出了多种产品组合，但缺乏对构成整个储气容量的产品组合比例的优化研究。通过不同产品组合的比例，构成单一或多个储气库优化的产品体系，从而实现储气资源的优化配置，也是需要进一步研究的重要问题。

中国储气库业务尚在发展初期，由于所有权、管网开放、天然气市场化程度等因素，储气库的盈利模式尚在摸索中。2020年，国家五部委联合发布了《关于加快推进天然气储备能力建设的实施意见》，要求储气库建立健全运营模式，完善投资回报渠道，推行储气设施独立运营模式。未来储气库进行独立运营，提供储气服务，采用市场化的方式收回投资并获得收益，是中国储气库业务的发展趋势。同时，2020年的《中央定价目录》明确了天然气门站价制度将会逐步停止使用，上游和下游的天然气价格已经放开，国家只对管输环节的价格进行管控。随着天然气市场化改革的进行，储气库价值会逐渐凸显。在此背景下，对储气能力价值评估问题的研究迫在眉睫。

中国现有的文献中，关于储气能力价值评估问题的研究还是空白。由于国内外天然气交易市场特征的显著不同，中国的情况对国外已有模型的使用具有显著的适应性问题，国外模型的交易场景为高度市场化、有大量交易者存在的天然气市场，而中国现有的交易环境并不满足国外模型的部分前提假设。中国的天然气市场目前处于高速变革与发展的阶段，研究现阶段中国天然气市场特征，并给出与之相适应的储气能力价值评估模型，对于储气库产业的发展具有重要理论价值。

1.3.2　国外理论研究

欧美的天然气市场化程度较高，并有着完善的储气服务产业系统。相应地，储气服务价值评估（Valuation）与工作气量优化问题（Optimization）在过去的10多年里引起了国外学术界的大量关注。在具有竞争性质的天然气市场条件下，储气容量的拥有者可以通过对工作气量的优化操作，以求获取更大的利润，在最优化操作的条件下能够获得的利润值则被视为储气容量的盈利价值。显然，对于不同的库容限制、注采能力限制（这些限制可以源于储气库本身的物理限制，也可以源于储气服务合同的限制），对应不同的天然气市场，如现货市场或期货市场，可以得出不同的储气服务价值评估。本质上，这是一个仓储管理的最优化问题，只是加入了储气库注采规律的限制。例如，储气库的注采能力会随着存储气量的变化而变化，当储气库工作气量增加，注入能力会减弱，当储气库工作气量降低，采出能力则会减弱；另外，出于储层保护的目的，气量水平应该维持在一定范围内，而无法实现满库注入或全部采出的情况。

针对国外的天然气市场，现有的储气服务价值评估模型主要分为4类，包括了固有价值模型（Intrinsic approach）、波动固有价值模型（Rolling intrinsic approach）、扩散模型（Spread approach）以及现货交易模型（Spot trading approach）。其中，固有价值模型使用期货曲线模拟期货市场中的优化交易，并计算相应的现金流，这些优化计算通过线性编程或动态编程进行。波动固有价值模型最早由Gray和Khandelwal提出，最近由Bjerksund等进一步发展，其思路类似于固有价值模型，但额外考虑了对冲（hedging）以及资产组合在特定时间的重新调整，采用了多元素的价格模型。扩散模型将储气服务视为时间离散的期权组合，通过期权的优化操作，以获取储气服务的价值评估结果。现货交易模型基于现货市场对储气服务进行价值评估，通过模拟天然气的现货价格，选择优化的交易决策，同时考虑期货市场的影响进行计算。现货交易模型有3种主要的数值求解方法，包括了树形方法（Tree based approach）、随机控制方法（Stochastic control）以及最为常用的最小二乘蒙特卡洛法（Least square Monte Carlo）。

工作气量优化问题是储气服务价值评估问题的一个伴生问题，要实现储气服务的最大价值，必然需要对天然气工作气量控制及注采的决策进行最优选择。同时，在最大价值的价值评估计算过程中，最优操作路径也是计算价值的必要参数。工作气量优化问题与价值评估问题的区别在于关注点不同，价值评估问题关注从操作中能够获得的盈利，而价值评估问题则关注采出与注入的操作及工作气量的控制。二者均可通过上述模型方法，在获取最优操作路径的同时，计算出储气服务的最大盈利价值。

对于储气库本身的运作，一定限制条件内储气能力的价值评估问题具有多方面的重要意义。对于储气库运营商而言，对储气合同的价值评估能够合理判断储气服务本身的价值，从而以此为依据给出合理的价格。对于储气容量使用方而言，合理的价值评估能够判断容量能够带来的收益，同时根据相应的最优操作路径，尽可能提升容量的盈利能力，有利于成本的快速回收与盈利。

然而，文献中的价值评估与优化模型均是基于欧美的天然气市场建立，其适用性也局限于欧美市场。中国的天然气市场与欧美市场相比，具有多方面特性上的显著差异，这些差异限制了文献中模型在中国市场的应用。因此，在目前中国储气库产业快速发展的背景下，建立针对中国实际情况的储气服务价值评估与工作气量优化模型，用于指导储气服务的价格及工作气量的优化操作，是目前急需完成的事情。

欧美的储气库运营及产品模式对中国的储气库市场化建设具有参考意义与借鉴价值。但由于国情的不同，不可照搬欧美的模式，需要探索适用于中国实际情况的储气服务模式及产品－价格体系，才能在中国环境建立具有生命力的储气服务市场。

在已有的价值评估模型分类中，内在价值模型和滚动内在价值模型用于计算储气能力内在价值,扩散模型和现货交易模型则用于计算储气能力外在价值。对于中国而言,现阶段并不存在天然气期货市场,天然气交易均以现货的形式进行。对于中国储气能力的价值评估,主要考虑借鉴国外现货模型的计算思路。Boogert等(2008)提出的蒙特卡洛模型具有较强的灵活性与可扩展性,既可以作为建立适用中国模型的主要参考对象,也可以作为未来中国天然气市场化成型后的主要价值评估模型。

1.4 中国储气库相关政策、法律法规及环境

1.4.1 价格政策

为鼓励投资建设储气设施,增强天然气供应保障能力,《关于明确储气设施相关价格政策的通知》《关于加快储气设施建设和完善储气调峰辅助服务市场机制的意见》等明确提出储气价格市场化、储气调峰成本合理疏导的原则。

储气价格市场化:储气设施实行财务独立核算,鼓励成立专业化、独立的储气服务公司;储气服务价格由储气设施(不含城镇区域内燃气企业自建自用的储气设施)经营企业根据储气服务成本、市场供求情况等与委托企业协商确定;储气设施天然气购销价格由市场竞争形成,储气设施经营企业可统筹考虑天然气购进成本和储气服务成本,根据市场供求情况自主确定对外销售价格,储气设施经营企业要与用气企业单独签订合同,约定气量和价格;鼓励储气设施对外销售气量进入上海、重庆石油天然气交易中心等交易市场挂牌交易,实现价格公开透明;用气季节性峰谷差大的地方,在终端销售环节推行季节性差价政策,削峰填谷,利用价格杠杆提高城镇燃气企业供气积极性,

并加强用气高峰时段需求侧管理。

坚持储气调峰成本合理疏导：鼓励城镇燃气企业投资建设储气设施，城镇区域内燃气企业自建自用的储气设施，投资和运行成本纳入城镇燃气配气成本统筹考虑，并给予合理收益；城镇燃气企业向第三方租赁购买的储气服务和气量，在同业对标、价格公允的前提下，其成本支出可合理疏导；鼓励储气设施运营企业通过提供储气服务获得合理收益，或利用天然气季节价差获取销售收益；管道企业运营的地下储气库等储气设施，实行第三方公平开放，通过储气服务市场化定价，获得合理的投资收益；支持大工业用户等通过购买可中断气量等方式参与调峰，鼓励供气企业根据其调峰作用给予价格优惠。

1.4.2 监管政策

多项政策的陆续出台，进一步明确了建立储气服务市场机制（公平开放、容量出售租赁等）需要长久有效的监管作保障。加强市场监管，构建规范有序的市场环境，同时加强储气调峰能力建设情况的跟踪调度，对推进不力、违法失信等行为实行约谈问责和联合惩戒（见表1-10）。

表1-10 主要政策对储气库运营模式的规制

政策分类	政策内容	文件名
价格政策	储气服务价格由储气设施经营企业根据储气服务成本、市场供求情况等与委托企业协商确定；鼓励储气设施对外销售气量进入上海石油天然气交易中心等交易市场挂牌交易，实现价格公开透明	关于明确储气设施相关价格政策的通知
	储气服务价格和储气设施天然气购销价格由市场竞争形成；坚持储气服务和调峰气量市场化定价；坚持储气调峰成本合理疏导	关于加快储气设施建设和完善储气调峰辅助服务市场机制的意见

续表

政策分类	政策内容	文件名
监管政策	储气设施天然气对外销售气量和价格等有关情况,每年4月15日前报价格司备案;各级价格主管部门依法查处通过改变计价方式、增设环节、强制服务等方式提高或变相提高价格,以及达成并实施垄断协议、滥用市场支配地位等违法违规行为	关于明确储气设施相关价格政策的通知
	加强对违法违规、履责不力行为的约谈问责、戒惩查处和通报曝光;将建设储气设施、保障民生用气、履行合同等行为分别纳入政府及油气行业信用体系建设和监管范畴	关于加快储气设施建设和完善储气调峰辅助服务市场机制的意见
	已建成储气设施的相关信息要及时上报,国家发展改革委、国家能源局将委托第三方信用机构加强储气设施建设运营情况信用监管	关于统筹规划做好储气设施建设运行的通知

2016年10月15日,国家发改委发布《关于明确储气设施相关价格政策的通知》明确指出,储气设施天然气购销价格由市场竞争形成,储气设施经营企业可统筹考虑天然气购进成本和储气服务成本,根据市场供求情况自主确定对外销售价格。

2018年4月26日,国家发改委、国家能源局印发《关于加快储气设施建设和完善储气调峰辅助服务市场机制的意见》提出,到2020年,供气企业要拥有不低于其合同年销售量10%的储气能力;城镇燃气企业要形成不低于其年用气量5%的储气能力;县级以上地方人民政府至少形成不低于保障本行政区域日均3天需求量的储气能力。支持各方通过自建合建储气设施、购买租赁储气设施,或者购买储气服务等方式,履行储气责任。坚持储气服务和调峰气量市场化定价,合理疏导储气调峰成本。

2018年5月28日,国家发改委办公厅发布《关于统筹规划做好储气设施建设运行的通知》，鼓励地方通过自建、合资、参股等方式集中建设储气设施。鼓励天然气管网互联互通的地区在异地投资或参股建设储气设施，具备管网联通条件的内陆地区通过合资、参股等方式参与沿海大型 LNG 接收站建设。

1.4.3 交易市场

国家相关政策正在加速推进储气服务交易市场的变革。《关于加快储气设施建设和完善储气调峰辅助服务市场机制的意见》鼓励储气设施对外销售气量进入上海石油天然气交易中心等交易市场挂牌交易，实现价格公开透明。重庆市《加快推进天然气利用的实施意见》提出，要发挥重庆石油天然气交易中心的市场化改革引领作用，明确提出了要探索由交易中心形成天然气基准价格的机制，通过扩大交易品种和交易量，鼓励二次交易，交易富裕气量、不足气量以及调峰气量等方式来构建竞争有效的市场体系。这标志着依托交易中心建设来深化天然气价格改革，将是重庆推进天然气价格市场化改革的主要方式，逐步形成"长期协议定基量＋交易中心调富裕"的市场格局和"长协价格相对稳定＋交易中心价市场认可"的价格态势。同时，交易中心的信息平台功能也将进一步凸显。《加快推进天然气利用的实施意见》提出鼓励管输和销售企业，向交易中心提供动态管输能力和服务价格等信息，逐步建立管网运行信息和交易信息公开机制。这将发挥交易中心在促进管道准入、市场信息统计上的作用，交易中心信息集散地的行业定位将更显著，今后还可能整合上游生产端的信息，为市场提供供需状况的整体信号。

上海、重庆石油天然气交易中心快速发展，再创新交易方式。天然气交易模式格局现状将逐步改变，线上交易成为区域天然气市场供应主体和需求主体必须予以重视的交易模式，形成"线上、线下并重"局面。2018年，上海石油天然气交易中心开展LNG接收站窗口期交易，助推中国天然气市场化改革。重庆石油天然气交易中心于2018年5月正式开始交易。

天然气交易市场最重要的作用是发出关于天然气市场价值的有效价格信号。天然气交易价格取决于燃气市场的供需平衡，如产量、库存气量、气候条件、自然灾害、突发事件等，及其短期预期、替代能源的价格变化等，从而使天然气定价变得更有效率。此外，在保障和稳定天然气市场供需和发展方面，天然气交易市场还具有以下作用：满足天然气用户长期合同或当年合同气量的不足；满足用户在特定时间和特殊市场条件下的特殊需求；应对突发事件，如气候剧变、自然灾害、事故、替代燃料供应紧张等所引发的天然气需求急剧上升；增加供气的安全性和灵活性；促进竞争，降低交易成本，繁荣市场。

中国已具备建立天然气交易市场的基本条件。经过10余年的快速发展，中国现已基本具备建立天然气交易市场的资源供应、市场需求、管道第三方准入和放松价格管制等必要条件。作为中国一种全新的天然气交易模式，推行天然气现货交易需要先选择条件成熟的地区试点，然后在天然气主产区周边市场和成熟的区域市场推广。其中，川渝地区、北京市和上海市是率先开展天然气现货交易试点的最佳地区和城市。一是这3个区域市场都有现货天然气购买需求；二是它们是目前中国最大和最重要的区域天然气市场或消费中心；三是供气商多、气源结构多元（既有国产陆上气和海上气，也有进口管道气和LNG）；四是管网健全发达（川渝地区），或是多管道的集散地或汇集点（上海市和北京市）。

从交易模式看，需要适应线上线下交易多种方式，上海、重庆石油天然气交易中心可提供市场化交易平台。

1.5 中国储气库产业存在问题及发展趋势

1.5.1 存在问题

1.5.1.1 建设明显滞后，调峰能力不足

中国地下储气库业务尚未成为天然气业务独立环节，地下储气库作为管道项目配套工程，建设速度明显滞后于管道建设。近年来，中国天然气管道建设发展迅速，建成投运天然气管网已达 7.3×10^4 千米，而现有地下储气库调峰能力仅 180 亿立方米，与中国快速发展的天然气产业不匹配，同国外 12% 的平均水平相比也存在很大差距。目前冬季调峰除了地下储气库外，需要通过气田放大压差、压减用户等作为补充手段。

1.5.1.2 优质库源缺乏，建库成本高

中国的天然气资源区与消费市场分离，建库资源分布不均，资源区主要集中在中西部地区，而天然气的主要用户市场在东部地区，重点消费市场区域内优质建库目标十分稀缺。主要消费市场区地质构造破碎、陆相沉积环境复杂。气藏建库以中低渗气藏为主，部分气库埋深达到 4500 米（世界上 95% 的气藏型地下储气库埋深低于 2500 米）；盐穴建库以陆相盐湖沉积盐层为主，夹层多、品位低、部分埋深接近 2000 米（世界上 95% 的盐穴型地下储气库埋深低于 1500 米）。由于地质条件复杂，工程建设难度大，以钻完井为代表的工程质量问题屡有发生，投资成本大幅升高。如北方 BQ 库群完钻的 8 口水平井中有 6 口出现了漏失、固井质量差、套管破损等严重复杂事故，地下储气库单

井钻井成本约6000万元，部分井钻井成本超过1亿元；西南XGS地下储气库两口水平井多次出现复杂情况，钻井周期分别高达523天和490天，钻井成本大幅上升，超过方案设计的50%。

1.5.1.3　建设处于初级阶段，安全、科学运行管理经验不足

中国地下储气库起步晚，建设历程相对较短，尽管目前在地下储气库动态监测、跟踪评价、优化预测等方面积累了一定的经验，但仍然面临很多问题和挑战，如建库理念转变、库容参数优化技术等。当前投运的地下储气库（群）未实现投产、循环过渡到周期注采运行全过程一体化管理，基于地质、井筒和地面三位一体的完整性管理处于初级阶段。

1.5.1.4　建设、管理、使用主体相对分离

现有大型石油公司内部地下储气库投资主体、建设主体和运营主体交错复杂，地下储气库业务多头管理、环节复杂、职责分散，一定程度上不利于地下储气库业务健康可持续发展。

投资主体单一，制约储气库市场竞争机制的形成。目前，中国石油、中国石化掌握储气库建设、运营管理的核心技术和服务，加之储气库具有投资巨大、建设周期长、风险较高的特点，因此技术服务型和资本投资型社会资本均较难进入。中国石油和中国石化在地下储气库建设、运营管理中形成垄断，投资主体单一，制约了储气库市场竞争机制的形成，一定程度上阻碍了储气库建设步伐。

1.5.1.5　未实行单独核算，难以体现经济效益

欧美国家实行天然气峰谷价。美国天然气价格冬季高、夏季低，一般相差50%以上；法国实行冬夏价差，冬季气价是夏季的1.2～1.5倍，可以实现经济效益。中国目前没有实现冬夏气价峰谷差和调峰

气价，价格形式单一，未能真实反映不同用户的用气特征和用气需求，无差别价格不能调节天然气需求量的峰谷差。地下储气库作为长输管网配套基础设施，现有政策将地下储气库天然气纳入管道气气价管理，没有单独进行地下储气库核算，投资通过管输费进行回收，其效益主要体现在管道整体运行效益上，不利于地下储气库持续建设和运营。

储气调峰定价机制尚未形成，运营成本政策缺位，成本回收和效益体现困难。中国储气库尚未实现商业独立运营，运营成本依旧纳入管输气价管理。近年来，中国天然气价格机制改革取得了很大进展，形成了"2011年前的成本加成法—2011年的市场净回值法+成本加成法—2013年的市场净回值法—2015年的价格并轨"的演变历程，为实现天然气价格市场化奠定了基础。但是多次价格调整过程中均未涉及储气调峰定价机制和运营成本政策，导致储气库运营成本由运营企业承担，成本回收和效益体现困难。

1.5.2 产业发展趋势

1.5.2.1 储气库业务分离、独立运营是产业发展基本趋势

在天然气市场发展初期，主要发达国家的天然气产业普遍是垂直一体化管理模式，储气业务作为管道的附属部分，一般由管道公司拥有和运营，作为保证供应安全、实施管道完整性管理的工具。随着天然气市场发展逐渐成熟，天然气基础设施建设已经到位，政府便放开对天然气产业的管制，储气业务逐渐从管道公司中分离出来，独立运营，成为自负盈亏的市场主体。国外储气库运营管理的基本模式是公司化运营，在单独定价机制的基础上实现独立运营。储气环节的定价机制适应本国天然气产业的发展情况，并建立和完善相关的法律法规

和监管政策，促进储气业务规范化竞争。

独立环节运营、市场调节运作。储气库作为天然气产业链上独立运营的赢利主体，按照市场规则进行商业化运作，储气服务产品多元化，参与市场竞争，从而保障天然气稳定供应。储气库运营服务商依据投资和运营成本收取储气服务费用实现盈利，而储气库的使用方由天然气峰谷价差实现盈利。

市场环境开放。储气库具有投资大、投资回收期长、技术密集等特点。因此放开储气库市场准入、多元化扩展投资渠道、实现储气库商业化运作是十分必要的。开放的市场环境既有利于筹集资金、分散风险，又可以保障储气库建设项目赢利并保持良性发展。

价格机制合理。欧盟和北美天然气市场成熟地区在确定储气费率时，通常按服务成本法或成本加成法制定，并建立反映供求关系、资源稀缺程度和合理投资运营成本的价格形成机制。合理的价格机制与盈利水平保证了储气库业务稳步发展。

市场监管健全。欧美天然气市场成熟地区设置了相关机构加强对储气库环节的监管，如欧盟内部成立了独立监管机构（NRA），美国成立了联邦能源监管委员会（FERC），从储气库的服务定价、投资布局、市场准入等方面加强对储气库经营商经营行为的监管。健全的监管组织及其精细的规则，为稳定供应天然气创造良好的市场秩序。

专业团队服务、规范操作运营。经过多年的发展和摸索，欧美天然气市场成熟地区储气库经营商已形成系统的储气库建设及运营技术，在储气库的建设与运维方面已经形成专业化团队，在储气库容量分配机制及储气服务价格机制的建立、库容动态的管理、商务规范等方面也积累了丰富的管理经验，全面实现了专业化服务。

1.5.2.2　储气库运营管理的具体模式必须与天然气产业发展阶段、市场结构相适应

总体来看，国外储气库建库管理与运营销售模式采取何种方式与其本国天然气产业发展阶段相适应，一般在天然气业务发展初期、市场竞争程度不高的阶段，储气库由天然气供应商或者城市燃气分销商建设和管理，采取"捆绑销售型"进行运营；随着天然气业务进一步发展，天然气产业结构变化，管道与储气设施向第三方公平开放，相关政策法规出台与完善，储气库建设与管理者更加多元化，可以是第三方或者是多方合资等，其运营模式逐步形成以"独立仓储型"为主，"捆绑销售型"和"市场价差型"为辅的多元格局。

在垂直一体化公司内部，对上、中、下游业务按照对外的价格收取天然气商品费、运输和辅助服务费用。借鉴欧盟和俄罗斯的经验，逐步将储气业务与公司的其他业务分离出来，单独提供储气服务，独立收费；在储气库的管理和职能上也要进行分离，成立独立部门或下属公司来经营，推动天然气业务外部市场化和储气业务专业化。

1.5.2.3　服务成本法定价和两部制计价是储气库市场化服务行之有效的定价计价方式

无论是市场型费率还是管制型费率，都可以服务成本法确定基础参考价格。大多都是在政府监管下，由储气库公司根据服务成本法自主确定。也可采用市场化费率，但需要经过政府严格的认定程序，或者采用具有公信力的第三方价格。均根据服务类型或服务等级设计储气库费率，体现公平分摊原则。

两部制计价适应储气库技术经济特性要求。两部制计价一般分为能力占用费和气量注采使用费，固定成本主要通过能力占用费回收，

变动成本主要通过注入费、采出费回收。从储气库服务功能的实现方面看，储气库储气能力即容量的形成主要依赖于固定成本（建设投资、垫底气投资及运维固定成本等）的投入，储气能力的使用主要依赖于可变成本（动力费用等）的投入。能力形成和使用实现的投入渠道不同决定了其回收方式不同。从储气库运营特点，市场化服务条件下，库容量的占有具有排他性，用户一旦预订了库容量，即使用户不使用，库容量也不能被储。采用固定容量费和使用费两部制计价方式能很好地适应这些要求。

1.5.3 产品模式及定价机制发展趋势

作为天然气产运储销产业链的重要一环，目前中国地下储气库产业处于快速发展的阶段。储气库的建设对天然气产业有着重要作用，在确保天然气稳定供应的同时，还能够存储天然气作为战略储备，以及应对管网上发生的紧急情况。储气库具有极高的产业价值，其在产业链上的作用受到越来越多的关注。

天然气作为主要的能源产品之一，其价格随季节与供需关系，会发生相应的波动，储气库能够通过注入与采出天然气实现价格差套利。本质上，可以将储气库的套利属性视为一种特殊的天然气期权，在储气能力限制范围内，储气能力的拥有者能够行使买入与卖出天然气的权利。通过套利属性实现的收益，我们称之为储气库的财务价值。虽然目前储气库的产业价值在中国受到了高度重视，但其财务价值却长期处于被忽视的状态。

在欧美成熟的储气库市场，储气库的财务价值受到了高度重视。学界有大量储气库财务价值定量评估的模型研究，这些研究从理论角度明确了储气库的财务价值。而在储气库的运营过程中，储气产品的设计、定价流程中，都会充分考虑储气产品能够产生的财务价值。

在已有的市场与产业环境下，中国储气库的财务价值并未能够得到充分的呈现。然而，中国天然气市场与储气库产业均处于改革推进的阶段，随着环境的改变，储气库的财务价值也会发生相应变化。中国储气库的财务价值在怎样的情景下才能得到充分呈现，是一个值得探讨的问题。

在现有中国天然气市场条件下，储气库的财务价值难以实现。但考虑已有的政策、发展趋势以及产业链局面，中国储气库具有呈现足够财务价值的充分条件。

随着天然气市场化改革的推进，各方条件逐步成型，在可以预见的未来，中国储气库将呈现足够的财务价值。中国储气库产品模式及定价机制的关注点将从储气库的产业价值更多转向财务价值的实现。

1.6 主要认识

（1）与管输分离而独立运营是储气业务运营管理的发展趋势。

在天然气市场发展初期，发达国家普遍采取垂直一体化管理模式发展天然气业务，储气业务作为管道的附属部分，一般由管道公司拥有和运营，作为保证供应安全、实施管道完整性管理的工具。随着天然气市场发展逐渐成熟，天然气基础设施建设已经到位，政府放开对天然气产业的管制，储气业务逐渐从管道公司中分离出来，独立运营，成为自负盈亏的市场主体。

目前，欧美国家的储气库运营已经发展为完全市场化的独立运营模式，但是这种完全市场化的独立运营模式必须在竞争性的市场环境里，包括天然气供应、运输、储存环节有众多的市场参与者，遵循市场准则，形成公平竞争的市场环境；天然气管网及储气库等基础设施发达按照政府监管规则提供公平的市场准入；管网和储气库要有一定的管输和储气能力，投放市场储气库要能向市场提供一定的剩余工作气量，与储气库相连接的管道要有足够的管输能力来保证天然气在储气库和管道之间的输送；储气环节要建立单独的定价机制，并受到政府监管。

（2）储气业务独立运营使得储气环节单独定价成为必然。

欧美国家的天然气产业放开管制之前，产业链各环节的价格由政府确定，定价方法通常为成本加成法。储气库作为管道的辅助设施，与管道捆绑在一起运营。储气价格没有单独定价，而是根据储气库的投资与运营成本，将相应的费用计入管输费中，成为销售价格的组成部分。

欧美天然气市场化进程中的重要环节就是管输业务与销售业务分离，向第三方提供无歧视准入。此时，作为管道辅助设施的储气库也开始脱离管输和配气业务，成为天然气产业链中的独立环节进行商业运营。储气库独立运营，向市场提供服务，必须建立单独的定价机制。可以说，储气业务独立运营，成为一个盈利主体，使得储气环节单独定价成为必然。

（3）随着储气库财务价值在中国的呈现，未来对储气库的关注将逐步由产业价值转向其财务价值。

天然气市场化交易带来的价格波动性以及交易流动性是储气库财务价值呈现的必要条件，中国天然气交易的低市场化程度导致储气库无法展示足够财务价值。中国现有的市场化改革推进为未来储气库财务价值的呈现提供了多方面的支撑，随着天然气市场化改革的深入，未来中国储气库的财务价值将逐步得到展现。

目前的改革进程已为储气库财务价值实现提供了初步的条件，包括：管网的公平准入为天然气产业上下游的竞争与市场化改革提供了基本条件；上海和重庆两大石油天然气交易中心的建设为天然气价格市场化的实现提供了平台；国家部委发布的相关政策文件为储气库财务价值的实现提供了政策保障；储气库通过储气服务出售模式运营，能够实现储气资源的优化配置。

（4）储气环节定价机制要与本国天然气产业的发展情况相适应。

欧美经验表明，储气环节的定价方式没有最佳模式，采用何种定价方式必须与本国天然气产业发展情况相适应。储气环节的定价一方面要保证储气库投资和运营成本的回收，保证储气服务商获得合理收益；另一方面要促进储气服务商的规范服务和公平竞争。

欧盟在储气业务存在竞争的国家，主要采用协商定价的方式；在储气服务处于垄断状态的国家，则采用政府定价的方式。协商定价相对于政府定价更为灵活，可以依据储气库运营成本的改变，及时调整储气价格。美国的储气库定价在服务成本定价法的基础上，发展高峰/非高峰期或者季节储气价格的定价方法，一定程度上降低储气服务不均衡的风险。为促进储气服务的竞争，美国又发展市场需求定价法。这些定价方法的改善都是为了更加适应储气服务的特点，保证储气服务商获得合理的经济收益。

（5）需要建立和完善相关的法律法规和监管政策，促进储气业务的竞争和规范。

欧美国家储气业务的市场化进程中，储气环节与管输环节分离，独立运营；储气库向市场开放，提供无歧视准入等，都是根据本国天然气产业的发展目标,通过发布相应的法律法规或者相关的指令,分步推进和逐步实施的。

  储气业务独立运营之后,政府监管部门更要对储气市场的公平竞争、储气服务的规范、储气价格的合理等进行监管,内容包括储气服务商的年收入水平、储气服务第三方准入条件、储气价格采用市场化定价的条件、储气服务商是否构成市场垄断、储气价格的制定和调整、储气市场交易的公开透明等。可以说,欧美国家储气业务的发展、市场化程度的提高、市场交易的规范以及定价方式的改善都离不开行业法律法规及监管政策的完善。

2 储气服务基本运营模式与定价方法理论

引言

本质上,储气库的经济性来源于天然气价格的变化,通过天然气在注入和采出的时间点的价格差异得到实现。在不同的天然气市场环境下,储气库的经济性会呈现显著的变化。

目前,中国的储气库定价正在从"一部制"一次性收取储转费的形式,向"两部制"分别收取储气能力占用费和储气库用量费两种费用的形式转变。这种转变本质上的原因,是由于天然气市场环境发生变化后,促使储气库走向更为市场化的运营方式,从而导致储气库收费模式发生变化。而现阶段欧美储气库采用的运营模式和定价方法与中国的差异也是由国内外天然气市场环境的显著差异造成的。

这种差异可以导向一个结论:针对不同的市场环境,储气库的各种定价方法具有不同的适用性。随着天然气市场的发展,天然气市场化程度的逐渐增加,适用于相应市场的储气库运营模式与定价方法也会发生变化。

本章主要讨论不同储气库运营模式与定价方法的特征与差异,并

2 储气服务基本运营模式与定价方法理论

研究不同市场环境适用的运营模式和定价方法，不同天然气市场化程度下推荐储气库采用的运营及定价模式见表2-1。本章理论能够帮助储气库定价模式在未来天然气市场化改革的趋势中，有效采用最为适用的模式。

表 2-1 不同天然气市场化程度下推荐储气库采用的运营模式及定价方法

天然气市场化程度	天然气价格特征	推荐运营模式	推荐定价方法
管制阶段	价格受政府管控，由门站价和上浮比例决定	非独立运营	成本加成法
过渡阶段	价格由供需决定，上下限受政府管控，市场流动性低，价格波动性低	自储自销+代储代管	服务成本法
市场化阶段	价格由供需决定，上下限受政府管控，市场流动性高，价格波动性高	代储代管	基于服务成本的差异化定价法

2.1 储气库独立运营模式

国家发改委和能源局于2018年出台了《关于加快储气设施建设和完善储气调峰辅助服务市场机制的意见》，明确指出，坚持储气服务和调峰气量市场化定价。储气设施实行财务独立核算，鼓励成立专业化、独立的储气服务公司。储气设施天然气购进价格和对外销售价格由市场竞争形成。储气设施经营企业可统筹考虑天然气购进成本和储气服务成本，根据市场供求情况自主确定对外销售价格。

就目前中国整体发展趋势而言，储气库正由管网配套向独立运营转变。过去储气库作为管网配套，通常由上游能源企业投资，由于其投资成本巨大，回收周期较长，企业建设储气库积极性有限。储气库以合资的形式投资建设，通过平台公司的形式进行独立运营，对储库产业发展具有很大促进作用：第一，储气库独立运营能够引入社会多方资本对储气库的投资，满足各方资本对储气指标的需求，能够有效促进储气库产业的建设与发展；第二，储气库独立运营能够促使储气产业商业性的发现，推动产业的改革与商业化发展，加速储气库的成本回收与盈利。

储气库通过平台公司独立运营时，其商业模式可分为两类。平台公司通过向具有储气需求的用户提供储气服务，收取服务费获取盈利的模式，被称为"代储代管"模式；平台公司通过在淡季购入天然气并储存，在采暖季出售天然气并赚取差价，从而实现盈利的模式，被称为"自储自销"模式。接下来介绍这两种模式的运作方式及在目前阶段的优缺点对比。

2.1.1 自储自销模式

自储自销模式的本质是天然气商品和储气服务的捆绑买卖，是低价买气高价卖气赚差价的一种形式。

基本运营思路：合资储气库公司在用气低谷时以一定的价格在供气企业购入天然气，注入储气库存储，待用气高峰时，将满足各股东方储气量需求之外的剩余储气量以高于购气成本的价格销售给用气方。

交易结算模式：(1) 合资储气公司自主销售。即储气公司对剩余储气量具有自主销售权、调配权和结算权，由公司市场部门直接到交易中心或与客户谈判销售剩余储气量，交易达成并完成后，客户与公司结算部门直接进行结算，获得的收益由各股东按股比分享。该模式的特点是公司具有较大的自主权，包括剩余储气量销售权、调配权和结算权，但需要设立销售部门和结算部门。(2) 各股东方按股比自主销售。即各股东方采取不同的方式按股比销售自己在储气公司的剩余储气量。例如，西南油气田公司的视为自己的特殊气源，按照中国石油现行销售管理模式进行销售，其余股东方按自主销售模式进行销售。该模式的特点是公司没有自主销售权，各股东方按股比行使销售权和气量调配权。优点是权责清晰，股东各方容易达成一致意见；缺点是管理上分散、复杂，操作难度大。

2.1.2 代储代管模式

代储代管模式可分为容量出售、短期仓储以及可中断3种基本销售模式。

2.1.2.1 容量出售模式

容量出售储气量模式的本质是一种为客户提供较为长期稳定的仓储服务的模式，商业模式上是采取了收取储气使用费的一种形式，该模式不涉及储气量的购买、销售和结算问题，仅有储气服务产品的交易和结算。容量出售模式下，无论客户是否使用均要收取固定容量费。此外，由于合同周期较长，客户对市场的预测存在不确定性，为降低客户经营风险，允许客户出租自己未使用的剩余容量。

基本运营思路：合资储气库公司将一定时期内（例如3年以上）的剩余储气量确定为可以对外开放的客户预留剩余容量，根据实际调配运行允许的条件按照注采时间限制、注采能力限制的差异设计成不同的容量产品，依照设计的定价方法确定好相应的基准价格，通过直接与客户协商谈判或拿到交易中心交易等方式进行容量产品销售。由于容量出售模式主要针对具有长期稳定合作关系的大客户，一般采用线下交易的方式谈判协商交易，交易中心线上交易可能性很小。

交易结算模式：（1）合资储气公司自主出售。即储气公司对剩余容量具有自主销售权、调配权和结算权，由公司市场部门直接到交易中心或与客户谈判销售剩余储气量，交易达成并完成后，客户与公司结算部门直接进行结算，获得的收益由各股东按股比分享。（2）各股东方按股比自主出售。即各股东方采取不同的方式按股比销售自己在储气公司的剩余容量。该模式的特点是公司没有自主交易权，各股东方按股比行使剩余容量出售权和气量调配权。优点是权责清晰，股东各方容易达成一致意见；缺点是管理上复杂、分散，操作难度大。

容量出售模式的主要特点总结如下：

（1）储气库气量属于客户所有，储气公司为其提供储气服务。

（2）预留剩余容量的确定成为储气库运营管理的一项关键环节。购买较长时期内储气库的部分容量，稳定地向其保障容量。一旦容量交易达成，就强制性要求储气公司为客户预留合同约定的储气容量，这对储气公司其他容量的使用也具有较强的约束性，加大了储气库运营的管理难度。

（3）主要采用线下谈判协商交易方式，通常是针对具有长期稳定合作关系的大客户。

（4）按照注采时间、注采能力限制条件可以形成4种不同组合形式的容量产品，包括自由容量产品、注采能力限制性容量产品、时间限制性容量产品、限制性容量产品。

（5）交易结算模式主要有合资储气公司自主出售、各股东方按股比自主出售两种不同形式。

（6）不论客户是否使用均要收取固定容量费。此外，由于合同周期较长，客户对市场的预测存在不确定性，为降低客户经营风险，允许客户出租自己未使用的剩余容量。

2.1.2.2 短期仓储模式

短期仓储服务模式与容量出售模式相似，都是一种为客户提供稳定的仓储服务的模式，商业模式上都是采取了收取储气使用费的一种形式。两者之间的差异主要是：(1)合同期限不同，容量出售模式一般在3年以上，短期仓储服务模式一般在1年以内，通常为夏季用气低谷购买冬季用气高峰使用。(2)容量出售模式允许客户向第三方出售其剩余容量，而短期仓储服务模式是不允许的。(3)短期仓储服务模式必须在容量出售模式完成后还具有剩余容量下才能适用，即储气公司应优先满足容量出售模式客户的容量需求。(4)短期仓储服务模式的交易方式是线上线下并重。

基本运营思路：合资储气库公司将短期内（例如夏季购买冬季使用）的剩余储气量确定为可以对外开放的客户预留剩余容量，根据实际调配运行允许的条件按照注采时间限制的差异设计成不同的容量产品，依照设计的定价方法确定好相应的基准价格，通过直接与客户协商谈判或拿到交易中心交易等方式进行容量产品销售。

交易结算模式：(1)合资储气公司自主出售。即储气公司对剩余容量具有自主出售权、调配权和结算权，由公司市场部门直接到交易中心或与客户谈判出售剩余储气量，交易达成并完成后，客户与公司结算部门直接进行结算，获得的收益由各股东按股比分享。(2)各股东方按股比自主出售。即各股东方采取不同的方式按股比出售自己在储气公司的剩余容量。该模式的特点是公司没有自主交易权，各股东方按股比行使剩余容量出售权和气量调配权。优点是权责清晰，股东各方容易达成一致意见；缺点是管理上复杂、分散，操作难度大。

短期仓储模式的主要特点总结如下：

（1）储气库气量属于客户所有，储气公司为其提供储气服务。

（2）短期仓储服务模式一般在1年以内，例如夏季购买冬季使用。必须在容量出售模式完成后还具有剩余容量下才能适用。

（3）线下线上交易并重。

（4）按照注采时间限制条件可以形成两种不同组合形式的容量产品，包括有时间限制容量产品、无时间限制容量产品。

（5）交易结算模式主要有合资储气公司自主出售、各股东方按股比自主出售两种不同形式。

（6）无论客户是否使用均要收取固定容量费，不允许客户出租自己未使用的剩余容量。

2.1.2.3　可中断模式

可中断储气服务模式是以客户采气量可中断为基础的一种间歇式（可以理解为"见缝插针"）储气服务，即当储气库有短暂性剩余容量（例如容量出售模式下的客户购买而未用的容量）或未确定明确用途的剩余容量时，向有短期需求的客户出售这些剩余容量产品。可中断储气服务也是一种约定储气服务，依靠收取储气使用费实现商业回报，它也要求用户安排和指定注入储气库和从储气库中采出的气量，但每日注入和采出的气量将受到可获得的容量限制，因而要求客户采出气量具有可中断性。该模式一般在储气市场十分发达的条件下才具有可行性。

可中断服务模式限制：冬季采气期和夏季储气期经常出现供需不平衡的情况，在用气高峰期，若储气库实际可用工作气量低于固定合同工作气量时，储气库运营商将按合同时间顺序，首先限制可中断储气服务客户的供气量甚至停止供气，客户用气没有稳定的保障。

基本运营思路：合资储气库公司将短暂时期内的剩余容量（如容量出售模式下的客户购买而未用的容量）确定为可以对外出售的可中断剩余容量，依照设计的定价方法确定好相应的基准价格，通过直接与客户协商谈判或拿到交易中心交易等方式进行容量产品销售（多采用线上交易模式）。

交易结算模式：(1) 合资储气公司自主出售。即储气公司对可中断容量具有自主出售权、调配权和结算权，由公司市场部门直接到交易中心或与客户谈判出售可中断容量产品，交易达成并完成后，客户与公司结算部门直接进行结算，获得的收益由各股东按股比分享。(2) 各股东方按股比自主出售。即各股东方采取不同的方式按股比出售自己在储气公司的可中断容量。该模式的特点是公司没有自主交易权，各股东方按股比行使可中断容量出售权和气量调配权。优点是权责清晰，股东各方容易达成一致意见；缺点是管理上复杂、分散，操作难度大。

可中断储气服务模式的主要特点总结如下：

（1）储气库气量属于客户所有，储气公司为其提供储气服务。

（2）客户的采出气量具有可中断性，一般采取"即买即用"方式使用，没有稳定可靠的保障。

（3）主要采用到交易中心线上交易的方式进行出售。

（4）产品模式采取自由容量产品模式，即可中断容量产品。

（5）交易结算模式主要有合资储气公司自主出售、各股东方按股比自主出售2种不同形式。

（6）主要收取注采费。

2.2 储气服务基本定价机制

建设与运营储气库的根本目的是保障国家的能源安全,确保天然气的持续稳定供应。储气服务的价格必然受到政府的监管,其投资成本是价格形成的根本。在投资成本的基础上,附加政府准许的内部收益率,就能够核算出相应的储气库价格,这个价格是任何储气服务定价的依据,作为基础价格存在。而储气服务发展到一定程度,必然出现差异化的需求,这就要求储气服务对不同的客户需求进行相应的溢价或折价,这些服务的溢价或折价也应当以投资成本和允许收益率作为价格基准。

根据以上分析,结合国内外现存的储气库定价机制,可以将储气库定价机制分为3类,包括成本加成法、服务成本法和基于服务成本的差异化定价法。

2.2.1 成本加成法

成本加成定价法是指按产品单位成本加上一定比例的利润确定产品价格的方法。以产品的全部成本作为定价基础,先估计单位产品的变动成本,然后再估计固定费用,并将固定费用按照预期调峰工作气量分摊到单位产品上去,加上单位变动成本,由此得出全部成本,加上按目标利润率计算的利润额,即得出该产品的价格。

结合储气库的前期投资,对储气库评价期内的注/采气量、成本费用等进行预测,对未来储气库的运营现金流进行估算,根据市场可接受的储转费按照项目经济评价方法测算储气库的项目内部收益率。

传统的储气库经济评价中所采取的一票制模式,对应于管道的管输费模式。所以,储气服务和运输服务未分离时,储气服务对象是单一管道公司或单一门站销售商,储气价格为内部结算,商务条款比较简单,储气调峰价格可以采取一部制。这种方法的优点是内部结算简单、透明,管理成本较低。

与天然气管道、成品油油库等储备、运输环节不同,天然气储气库注入和采出环节间隔时长通常在几个月以上,所以一部制在储气库运营管理实践中存在一定的问题,主要体现在天然气储转过程的物理转移时点与财务结算时点存在较长时间的不同步性。在注入天然气时,并不确定何时采出之前已经注入的天然气,储转费只存在于采出环节。那么储气库运营机构只能先计量注入气量,并提供储气服务。数月后的某个时点,发生采气操作时,才可计量发生服务的工作气量,将之前的所有天然气物理转移的操作进行财务结算,此时点前所发生的成本等费用支出只能由运营单位,即储气库公司垫付,这将给储气库公司带来较大的财务压力。

为了解决财务结算与服务操作不同步的问题,提出"一部两费制"的定价模式,即类似银行存款和取款分别进行"借""贷"操作一样,将储气服务分解为注气环节和采气环节分别制定注、采费费率,分别为注入费和采出费,其中:通过注气费回收注气成本和50%的储存成本,通过采气费回收采气成本和其余的50%储存成本。储气价格根据注入和采出两个实际操作工序为计量和收费依据,便于储气库实际运营过程中的财务实时结算(如图2-1所示)。从时间和空间上,将物理层面的计量与财务层面的结算结合了起来。

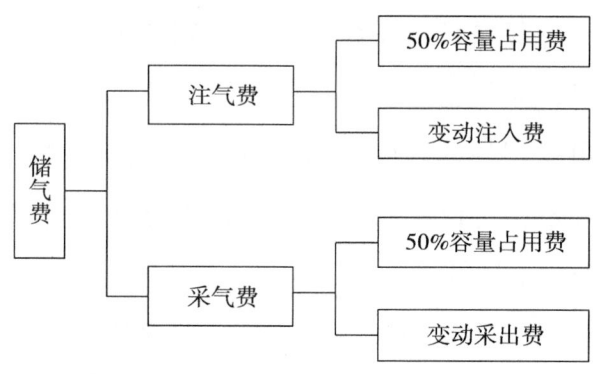

图 2-1 储转费与注入费、采气费关系图

2.2.2 服务成本法

服务成本法，即储气库向用户提供服务应得到的储气服务总收入，应能够补偿储气商提供服务的所有成本费用和税金，同时还能获得一定的运营收益。服务成本可根据今后回收的途径是通过需求费（与储气库占用有关）还是通过商品费（与储气库使用有关）进行回收，分为固定性成本和变动性成本。欧美等国家储气库公司的费用科目设计不完全相同，但基本费用一致，如图 2-2 所示。

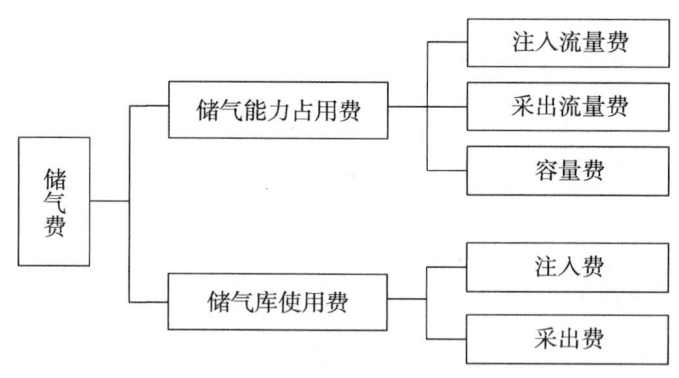

图 2-2 储气库收费科目设置

将天然气储转成本划分为注气成本、储存成本和采气成本，对应天然气通过储气库的整个注、存、采过程。国外储转费定价的一般做

法是：通过注气费回收注气成本，通过采气费回收采气成本；通过流量占用费回收一半的储存成本，通过容量占用费回收另一半储存成本。其中注气费和采气费属于能力使用收费（也称商品收费），是根据实际注气量或采气量收取的，流量占用费和容量占用费属于能力需求占用收费（也称能力收费），是基于用户约定的每日最大注采量和全年最大注采量收取的，与实际的注、采气量无关。

根据以上分析，此方法中储转费主要分为储气能力占用费（固定）和储气设施用量费（变动），所以这种定价方法通常称作"两部制收费"。两部制收费储转费构成如图2-3所示。

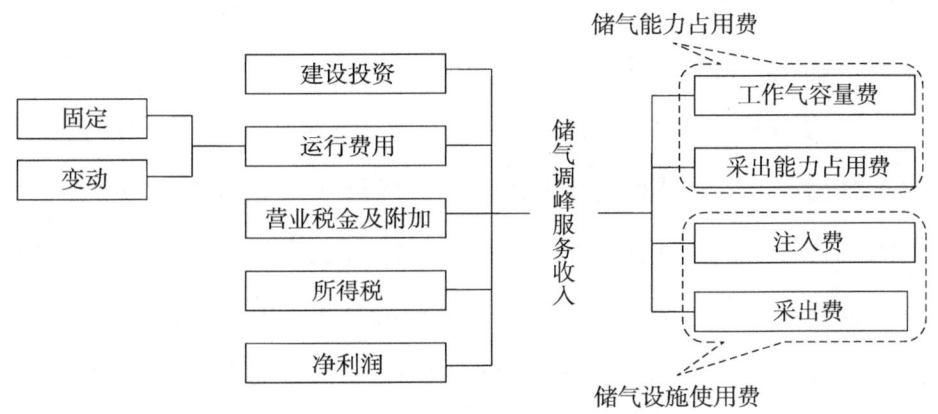

图 2-3 服务成本法定价构成图

2.2.3 基于服务成本的差异化定价法

当储气产品的财务价值得到充分体现后，不同注采自由度的储气产品会产生不同的财务价值。为体现不同产品的差异性，同时提升储气库的整体收益，则应当针对高自由度产品进行适当溢价。

在此模式下，储气库收费方式仍以两部制进行。储气产品的用量费核算与服务成本法一致，但在容量费的核算中，应加入储气产品财务价值的考虑。储气产品的基础费率应由服务成本法给出，在基础费率的基础上，基于储气库调配难易程度以及产品财务价值的高低对储气产品进行价格差异化管理。给高自由度、难调配产品较高价格，同时给低自由度、易调配产品更低价格，以进行合理的"收益管理"。

2.2.4 定价机制对比分析

以上3种方法均存在各自的特点与优劣势，这里对其进行分析。

（1）成本加成法的优势在于简单易行，用户接受度高，能够在产业发展初期提供有效的资金回收；其问题也同样明显，由于其收费是一票进行，当用户注入气后长期占用储气空间，而不发生采出行为时，储气空间就无法得到充分利用。

（2）服务成本法以收取容量费的形式解决了成本加成法的问题，有利于维持平台公司财务的良好运转，保障平台公司的稳定收入；其主要问题在于，定价机制相对固定，当储气服务需求旺盛时，难以满足储气服务差异化需求，无法通过价格差异调控市场需求。

（3）基于服务成本进行差异化的产品定价能够有效满足储气服务需求旺盛时不同用户的需求，并根据供需合理提高储气库的收益；其主要问题在于运行方式较为复杂，在储气服务需求度较低的情况下，用户的接受度存在较大问题。

2.3 天然气市场化发展程度

通过以上分析可以看出，不同的定价方式具有各自的优劣势。定价方法随天然气市场环境的变化，其适用性也会发生变化。针对不同的天然气市场状态，选择不同的定价方法，才能帮助储气库有效获取收益。天然气市场状态随天然气市场化改革发生显著变化，研究天然气市场化发展进程中不同的市场状态，才能合理选择相应的定价方式。

考虑天然气市场的发展进程，将天然气市场的发展分为3个阶段：管制阶段、过渡阶段以及市场化阶段。

在管制阶段，天然气价格受到政府控制，储气库盈利空间受天然气溢价限制非常有限。同时，由于上游企业、管网、储气库以及客户之间的机制梳理尚不清晰，储气库无法进行商业化运营，也不具备进行收益管理的条件。

在过渡阶段，储气库主要呈现其内在价值。此时天然气价格不再受到严格管控，产业链机制基本理顺，但由于市场竞争主体不足，天然气价格不足以呈现完全的市场性及充分的流动性。

在市场化阶段，储气库能够呈现其外在价值。此时天然气价格呈高度市场化特征，同时市场具有较强流动性。

对比这3个阶段可以看出，欧美的储气库市场处于市场化阶段，具有较高的繁荣度以及足够的盈利能力。中国的储气库市场2022年处于从管制阶段向市场化阶段过渡的时期，随着国家管网公司的成立，"X+1+X"格局逐步形成，储气库商业化运营的环境初步成型。

2.4 定价机制适用范围

针对不同的天然气市场发展程度，由于产业结构、顺价机制的不同，储气库费用应具有不同的核算方式，以适应当前阶段的天然气发展程度。在前节的论述中，将天然气市场化程度结合储气库财务价值的体现方式，分为管制阶段、过渡价值和市场化阶段，这里分别给出不同阶段中适用的定价机制。

2.4.1 管制阶段

在管制阶段，天然气价格受到政府控制，储气库盈利空间受天然气溢价限制非常有限。同时，由于上游企业、管网、储气库以及客户之间的机制梳理尚不清晰，储气库无法进行商业化运营，也不具备进行收益管理的条件。储气库的财务价值极低，储气服务成本难以回收，客户为储气服务付费的意愿极弱，资本缺乏建设储气库的动力。

在管制阶段进行储气库两部制收费存在极大的困难：购买储气服务的企业难以通过储气服务的使用获得足够的收益，企业购买储气服务的动力不足。在这种情景下，采用两部制收费可能造成储气能力的出售困难与大量闲置，造成储气资源的浪费，不利于储气库的发展。

因此，在管制阶段，储气库应当采用成本加成法收费，通过将储转费加入管输费的形式实现顺价，保证储气库在天然气套利存在价差和流动性问题的阶段，也能够稳定地实现成本回收。

2.4.2 过渡阶段

在过渡阶段（内在价值阶段），天然气价格不再受到严格管控，产业链机制基本理顺。但由于市场竞争主体不足，天然气价格不足以呈现完全的市场化及充分的流动性。在这个阶段，储气服务只能展现内在价值，即捕捉天然气价格的季节性波动，从而实现财务价值。此时储气库具有足够的财务价值来回收建设与运营成本，可以根据财务价值划分进行初步的收益管理。客户也能从储气服务中获得一定收益，资本具有一定建设储气库的积极性。

在这一阶段，服务成本法变得可行。但由于天然气价格市场化及流动性仍存在不足，产品套利的来源主要是季节价差，此时，企业具有一定购买储气产品的意愿,但由于产品结构较为单一,注采季产品为主流产品,产品种类尚且较少,产品溢价难以实现。

2.4.3 市场化阶段

在市场化阶段(外在价值阶段),天然气价格呈高度市场化特征,同时市场具有极强流动性。储气服务既能实现其内在价值,也能实现其外在价值,即在捕捉季节价格波动套利的同时,还能通过短期的价格波动实现收益。储气库具有较强财务价值,储气服务进入卖方市场,应根据财务价值的差异,形成多元化的服务产品,从而实现收益的最大化。

此时,使用服务成本法和基于财务价值的合理溢价为储气产品定价最具合理性。

本章小结

本章提出了储气库独立运营的基本运营模式理论,并对比了两种传统的定价方法,即成本加成法和服务成本法,并提出了一种新的定价模式,即服务成本法结合产品财务价值的合理溢价定价。不同的定价方法适用于不同的天然气市场发展阶段,结合本章对天然气市场化程度的划分,推荐在管制阶段采用成本加成法定价,在过渡阶段采用服务成本法定价,在市场化阶段采用服务成本法和基于财务价值的合理溢价进行定价。

3 储气服务产品组合模式优化设计理论

引言

当储气库以提供储气服务形式（代储代管模式）进行商业化运作时，平台公司必然会面临储气服务产品设计问题。应该提供怎样的储气服务产品，设计单一化还是多样化的产品才能满足储气库运营需求，是储气库平台公司在实际运作时需要面临与解决的问题。合理的储气产品应该能够有效满足用户需求，并在调配难度和商业效益之间做出平衡。本章主要建立储气服务产品组合设计的基础理论体系，用于支撑平台公司的储气服务产品设计需求。

本章首先从储气服务本质属性出发，提出储气服务商业化的基础理论。关键点在于，储气服务产品组合应该在商业效益与调配难度之间做出平衡。在调配满足需求的情况下，多样化的产品有助于储气库商业价值的实现。接下来，根据不同的天然气市场化程度，推荐不同的产品组合形态，并阐述其理论原因。

不同天然气市场化程度下适用产品组合及特征见表3-1。在天然气市场化程度较高的情况下，综合考虑商业效益与调配难度，应当采用尽可能多样化的产品；天然气市场化程度较低的阶段，考虑用户需求和调配难度，则应该采用相对简单的产品。

表 3-1　不同天然气市场化程度下适用产品组合及特征

天然气市场化程度	天然气价格特征	产品组合	盈利能力	调配难度
管制阶段	价格受政府管控，由门站价和上浮比例决定	注采季产品	低	低
过渡阶段	价格由供需决定，上下限受政府管控，市场流动性低，价格波动性低	注采季产品、月度产品等	中	中
市场化阶段	价格由供需决定，上下限受政府管控，市场流动性高，价格波动性高	多样化产品	高	高

注：在管制阶段，并不推荐以储气服务形式进行商业化运营，以储转费形式内部结算更为合理。但若需要提供储气服务，则推荐单一的注采季产品作为产品组合。

3.1　储气服务商业化理论基础

在欧美等天然气市场相对发达的地区，储气库提供的储气服务产品呈现多样化的形态，而在中国目前的储气服务市场起步阶段，储气服务所能够呈现的形态则相对单一。本节主要论述储气库商业化运作的理论基础，从储气服务的本质属性出发，讨论在不同条件下对储气服务产品的需求差异。以理论基础为依据，解释了国内外储气服务产品目前形态存在显著差异的原因。

3.1.1　储气库储气服务的财务价值

3.1.1.1　基本概念

天然气作为主要的能源产品之一，其价格随季节与供需关系，会发生相应的波动。结合天然气价格波动，储气库运营方能够通过注入与采出天然气实现价格差套利，获取正向的现金流。储气库的财务价值具有多种实现途径，包括储气产品出售、价差套利等。为表述方便，本文将储气库的财务价值定义局限为：储气能力的使用者通过天然气价差所实现的正向现金流。

欧美学界将储气库的财务价值分为内在价值和外在价值两部分。内在价值由天然气季节价差实现，对于任何天然气市场，只要存在天然气冬夏的供需差异，储气库就能够实现其内在价值。外在价值则由天然气价格的中短期波动实现，实现外在价值要求天然气市场具有足够的市场活跃度以及流动性，因此储气库的外在价值往往在天然气市场高度市场化的前提下才能实现。天然气价格波动中，在一定时间限制和一定的注采操作下，储气库能够实现相应的正向现金流，针对该价格波动，通过最优化的注采操作（储气库物理限制内）计算得到的最高现金流，被称为储气库的价值评估结果。

储气库的财务价值主要受物理限制和天然气市场两个因素影响。其中，物理限制由地质条件与工程因素决定，一旦储气库建设与扩容完成，物理限制难以改变。天然气市场改变的可能性则相对较大，在不同的天然气市场价格波动下，同一储气库可能呈现完全不同的财务价值。考虑到目前中国天然气市场化改革正在进行，中国储气库的财务价值在未来将发生显著的变化。

3.1.1.2　储气库财务价值的实现高度依赖市场

储气库财务价值高度依赖于天然气市场。从财务价值的定义可以看出，天然气市场对财务价值的影响主要由3个方面构成：市场的流动性、天然气价格波动幅值以及天然气交易周期。市场的流动性是财务价值得以实现的前提条件，只有当天然气市场有足够的买方和卖方，能够在合理的时机买入或卖出足够量的天然气，理论上其财务价值才能够得到实现。价格波动幅值直接决定了财务价值的绝对大小，价差越大，储气库能够实现的财务价值也越大。较短的交易周期则是实现储气库外在价值的必要条件，只有交易周期足够短，天然气价格波动频率足够高，储气库的使用者通过注入/采出天然气捕捉周期之间的天然气价差，储气库的外在价值才能够实现。

以美国 Henry Hub 交易中心为例，具有良好的市场流动性（大量的天然气交易商）、足够的价格波动幅值（季节价差高）以及足够短的交易周期（每个工作日交易）。因此，Henry Hub 实货交易所覆盖的储气库具有较高的财务价值，这也促成了美国储气库产业的繁荣发展。

长期以来，中国主要的天然气交易途径为生产商与需求方的合同内交易。合同内交易具有相对固定的特征，管道气用户签订的购气合同明确规定当期的天然气供应量，多余气量的需求需通过额外渠道获取，由于市场的流动性不足，储气库的使用方无法保证在需要的时段购入或卖出天然气。生产商的定价也受限于政府调控，对合同内天然气的最高涨幅有明确限制，这导致天然气波动幅值不足，季节价差被政府限价所局限。另外，合同内交易价格通常按月份调整，长达 30 日的价格周期让储气库的外在价值完全无法实现。

考虑储气库财务价值高度的市场依赖性，而中国长期以来的天然气市场模式使得储气库能够实现的财务价值极低，这也解释了储气库财务价值在中国长期被忽视的原因。由于能够实现的财务价值过低，储气库一直被当作基础设施建设来投资与运营，其成本投入主要由中国石油、中国石化以及中央财政等国有资本承担。

随着天然气市场化改革的进行，上海与重庆两大石油天然气交易中心投入运营，部分天然气的交易开始在交易中心进行。虽然现阶段交易中心的价格仍然缺乏市场化的特征，定价权由生产商主导，但随着上下游市场化改革的深入，天然气价格市场化趋势不可逆转，这为中国储气库财务价值的实现带来了更多可能性。

在现有中国天然气市场条件下，储气库的财务价值难以充分实现。但考虑已有的政策、发展趋势以及产业链局面，中国储气库具有实现足够财务价值的充分条件。

第一，管网的公平准入为天然气产业上下游的竞争与市场化改革提供了基本条件。2020年底国家管网公司的成立是中国天然气市场化改革的里程碑事件，标志着天然气产业链"X+1+X"局面形成雏形。在上下游有足够竞争的条件下，天然气价格才具有由市场决定的可能性，天然气的交易才能具有更高的流动性，这为储气库财务价值的实现提供了基础条件。

第二，上海和重庆两大石油天然气交易中心的建设为天然气价格市场化的实现提供了平台。当足够多的供应商与需求商在交易中心交易天然气，天然气的价格市场化才具有实现的载体，而交易的流动性才能得到保障。当交易中心具有足够高的交易频率以及快速的价格变化周期时，天然气的外在价值才能够得以实现，而天然气的外在价值是其财务价值的重要组成部分。

第三，国家部委发布的相关政策文件为储气库财务价值的实现提供了政策保障。近年来，国家部委出台了多个文件，用于明确储气服务市场的发展要求、运营模式与价格模式等多方面的规程，包括《关于明确储气设施相关价格政策的通知》（2016）、《关于加快储气设施建设和完善储气调峰辅助服务市场机制的意见》（2018）、《关于加快推进天然气储备能力建设的实施意见》（2020）等。其中《关于加快推进天然气储备能力建设的实施意见》明确提出，要健全投资回报价格机制，对于独立运营的储气设施，储气服务价格、天然气购进和销售价格均由市场形成。储气库注采气购销的市场化价格是储气库财务价值得以实现的必要条件。

第四，储气库通过储气服务出售模式运营，能够实现储气资源的优化配置。通过储气服务出售模式运营，储气能力能够有效配置到服务购买方，相比储气库的运营商，储气能力的购买方更有动力来实现储气库的财务价值。当中国天然气市场能够有效实现储气库财务价值时，储气服务的使用方能够根据需要注入和采出天然气，从而实现针对天然气价格波动的套利。2020年3月，重庆石油天然气交易中心完成了中国储气服务的首单交易，未来更多的储气服务交易将通过交易中心得以实现。

基于以上分析，虽然目前中国储气库财务价值的实现环境有所不足，但随着中国天然气市场化改革的推进和各方条件的逐步成熟，在可以预见的未来，中国储气库将呈现足够的财务价值。

3.1.2 储气服务基本属性分析

要对储气库进行合理的商业化运营，需要对储气库提供产品的本质属性具有清晰认知，再基于本质属性构建商业化模式。从储气服务的本质角度考虑，储气服务产品具有两个基本属性，即易逝资产属性和套利属性，在本节中给出两种属性的相关论述，并基于这两种属性提出储气库商业化模式的形态。

3.1.2.1 易逝资产属性

易逝资产定义为通过租赁获得收益的固定资产，如果资产在一段时间没有被租赁，则资产的潜在收益就会受到损失。易逝资产的主要特性包括：产品价值的易逝性；产品或服务可以在消费前进行销售；需求的变化比较大；企业生产或服务能力相对固定，短期内不易改变；市场可以根据客户的需求偏好进行细分；变动成本低，而固定成本比较高。

显然，储气产品的特性完全满足易逝资产的定义及其相关特征，因此具有易逝资产属性。对于易逝资产的运营，生产运作管理理论中已经有相当成熟的方法体系，即收益管理（revenue management）。实施收益管理的公司通过预测市场需求，针对细分市场进行差别性定价，优化资源配置，实现"将座位按不同的票价适时卖给不同的顾客"，在成本不变的情况下使收入机会最大化，同时将机会成本和风险降到最低。

对于储气库而言，实施收益管理能够让储气库的储气能力尽可能多地租赁给需求方，并针对多元化的需求，适度地实现产品溢价。事实上，国外储气库运营中多元化的产品线正是实行收益管理的表现。未来中国储气库产业被视为易逝资产，进行收益管理，是储气库商业化运营的必然趋势。

3.1.2.2 套利属性

在天然气的价格波动下，储气库在不同时间点注入/采出天然气，能够实现价格差套利。因此，相比普通易逝资产，储气库还具有套利属性。本质上，可以将储气产品视为一种特殊的"天然气期权"。相对普通的美式期权，"天然气期权"具有更强的自由性，不仅可以选择在合同期内任意时间行权进行买进或卖出，买进/卖出的天然气量也可以在容量限制范围内任意调整。

理论上，只要天然气价格存在波动，储气产品就具有套利属性。

但针对不同的天然气市场，财务价值的高低会产生极大的差异。同样的储气产品，在美国 Henry Hub 交易中心进行交易和在上海石油天然气交易中心进行交易，显然会产生截然不同的盈利水平。天然气市场化程度越高，天然气价格波动越大，储气产品的财务价值就越大。

在国外已有研究中，通常将储气库针对天然气季节价差能够实现的财务价值称为"内在价值"，将针对短期价格波动能够实现的财务价值称为"外在价值"。对于现阶段中国储气库而言，由于天然气市场化程度较低，能够实现的财务价值局限于内在价值。随着中国天然气市场化改革的推进，天然气价格市场化程度增加。可以预见，未来中国储气库财务价值会大幅提升，并且能够实现季节价差以外的额外价值。

同时，储气产品自身的限制与划分，也会对储气其财务价值造成影响。显然，更长的合同时间、更大的工作容量，能够让储气产品为其使用者带来更大的财务价值。储气产品对储气库注采能力的占用限制也会影响储气产品的财务价值，能够在任意时间注入/采取天然气的储气产品相比需要服从储气库注采调配的储气产品，具有更高的财务价值。

3.1.2.3 商业化模式分析

结合储气库的易逝资产属性和套利属性，可以推导储气库的商业化模式。

由于储气产品的易逝资产属性，需要对产品进行细分并差别性定价，从而保证储气库能够在尽可能多出售容量的情况下，实现一定程度的溢价。而由于储气产品具有不同的限制，针对特定的目标市场，会实现不同的财务价值。

推出高财务价值的储气产品,并对其进行合理溢价,同时推出相对低财务价值的储气产品,并对其制定相对低的价格;同时合理预测市场需求,制定高财务价值产品与低财务价值的合理比例,能够让储气库的商业化运营实现收入的最大化。

3.2 储气服务产品设计

3.2.1 储气产品理论研究

3.2.1.1 产品结构与收费模式

储气产品受到时间、空间、流量3个维度的限制,本质上,任何的储气产品都由这3个维度限制的量值所构成。

关于收费模式,中国学界现有的共识是以两部制收取储气产品的费用。两部制分别收取容量费和注采费,即收取储气产品在空间和流量两个维度的费用。其中,容量费指用户预订储气库容量收取的费用,由有效成本与允许年化资产收益率所核算;注采费指用户实际注采气量时所发生的费用,由储气库运营的可变成本所核算。对于不同的储气产品,其费率差异体现在容量费中,注采费仅用于回收可变成本。

3.2.1.2 财务价值与产品溢价

用户在使用储气产品时,通过在不同的时间点买入/卖出天然气,结合天然气价格波动,可以赚取价差。特定储气产品能够实现的最大价差被称为其财务价值。在特定时间、空间、流量限制下,储气产品的财务价值受天然气市场化程度的控制。天然气价格波动越大,流动性越强,产品的财务价值也就越高。关于储气产品的财务价值,在欧美学界已有大量研究,而中国相关研究则相对空白。这是由于在中国现阶段天然气市场化程度下,储气产品具有的财务价值仍然较低,且实现财务价值所需要的市场流动性不足。

储气产品的注采能力是实现其财务价值的核心点，也是产品区分的关键属性。例如，在供暖季用气高峰期，出现了为期7天的天然气价格峰值。在这7天内，储气服务的用户都会想要采出淡季存储的工作气量，从而获取高收益，但时间内储气库的总采出能力是有限的。在这种情况下，购买了高自由度产品的用户具有优先采出权，能够获取这段时间的收益，实现更高的财务价值。由于高自由度产品具有更高的财务价值，其相对低自由度产品应当具有更高价格。因此，储气产品基于不同的注采自由度进行溢价，是提升储气库收益的合理思路。

3.2.1.3 理想形态

随着国家管网公司成立，中国天然气市场化改革进入深水区。考虑中国储气库产业发展实际情况，结合储气服务的套利属性，对储气产品设计的主要需求进行推论。

储气产品设计应该考虑其财务价值随天然气市场化改革变化的情况，具有自适应能力。储气服务的价值实现来源于天然气价格的时间历程波动，天然气市场的价格模式直接决定了储气产品财务价值的大小。中国天然气市场改革正在进行，未来将形成更具竞争性的天然气市场。然而，天然气市场化改革并非一蹴而就，未来天然气市场将进行长时间的调整与改进。相应地，储气产品财务价值也会随天然气市场化改革的进行发生变化。随着市场化改革深入，天然气价格波动性与流动性增加，储气产品应具有更强的溢价能力。

储气产品设计应该具备多样的自由度，用于满足不同的需求。随着天然气市场化改革的深入，对储气产品的需求会逐渐多元化。储气需求可分为战略储备、调峰保供以及价格套利3类。其中，战略储备对注采自由度需求最低，调峰保供次之，价格套利由于需要捕捉中短期的天然气价格波动，对注采自由度需求最高。

系列的储气产品应该能够便于储气库的统一调配，利于储气库注采计划的实施。根据物性的不同，储气库具有不同的注采周转限制，枯竭气藏储气库通常一年进行一次周转，而盐穴储气库则可进行多次周转。单一储气产品的调配方案必须服从储气库整体的调配，受周转期、工作气量以及注采能力等工程因素的限制。

储气产品设计应该根据市场需求具有相应的价格调整机制，保证储气容量尽可能多售出，避免储气资源的闲置。储气库具有易逝资产属性，类似于仓库、酒店等易逝资产，在资源闲置时，无法得到任何收益。因此，通过收入管理（revenue management）设计多样的产品，并适时地调整产品价格促使产品售出，是提高储气产品收益的重要途径。

3.2.2 产品设计及产品组合

3.2.2.1 定量与定性划分

储气产品在时间、空间、流量3个维度受限制，产品应基于这3个维度进行区分。区分的维度分为定量与定性两类，定量的维度划分产品出售的量，而定性的维度划分产品的类别。

时间维度划分储气合同持续的时间长短，应当具有弹性，用户可根据需求决定购买储气服务的时长。因此，时间是储气产品的定量维度。容量维度划分储气合同规定的工作气量大小，同样应具有弹性，用户可根据需求决定购买工作气量的多少。因此，容量也是储气产品的定量维度。

流量维度（注采自由度）不宜划分过多类别，以便于储气库整体运转调配。因此，注采自由度应当是储气产品的定性维度，用于区分产品的类别。欧美储气库通常由注采自由度划分产品，如美国 Young Gas 公司出售的固定储气产品、可中断储气产品、寄存/暂借产品，本质上是基于注采自由度的划分。

3.2.2.2 基于注采自由度的产品体系

基于注采自由度划分的储气产品图谱如图 3-1 所示。可以看出，从左向右，产品的注采自由度增加，同时产品溢价及调配难度也随之增加。其中，时段产品、可中断产品以及注采季产品，并没有随产品捆绑的注采能力分配，其注采服从储气库注采季整体调配，称这些产品为统一调配产品（或非捆绑产品）。日前产品、周前产品、月前产品，在购买容量时，会分配与容量对应的注采能力，称这些产品为注采捆绑产品。显然，非捆绑产品的注采自由度低于捆绑产品的自由度。

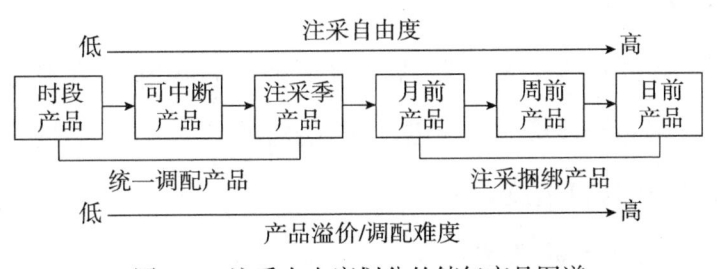

图 3-1 注采自由度划分的储气产品图谱

时段产品思路类似寄存/暂借产品，用户需要在规定的时间点注入，并在规定的时间点采出，注采的量与注采时间都提前约定，是自由度最低的产品。注采季产品允许用户在注气期内注入允许的气量，并在采气期内采出，但注入/采出气量的时间由储气库统一调配，用户无法指定具体时间。可中断产品与注采季产品类似，但储气库可在容量调配困难时中断用户的注采需求。

注采捆绑产品根据产品自由度分配相应的注采能力。月前产品用户在每月前向储气库提交月度计划,储气库在当月满足用户的注采需求;周前产品用户在每周前向储气库提交周度计划,储气库在本周满足用户的注采需求;日前产品用户在每日前向储气库提交本日计划,储气库在当日满足用户的注采需求。用户的注采计划应该符合储气库注采周期的需求,即在注气期只能提交注气计划,采气期只能提交采气计划。

值得注意的是,产品图谱包含了自由度最低到最高的多种可能产品,但在实际应用中,通常不会用到所有产品。根据当前市场下储气能力的财务价值及储气库的调配难度,可以产生不同的产品组合。储气能力财务价值越低,储气库调配能力越差,则产品组合应当偏向图谱的左侧;储气能力财务价值越高,储气库调配能力越强,则产品组合偏向图谱的右侧。

而在特定的天然气发展阶段,也可能出现未包含在产品图谱中的产品需求,储气库运营方可根据当前的客户需求,灵活地定制产品类型及其允许的注采自由度。

3.2.2.3　储气产品数学约束

储气产品以任何形式组合,产品的容量、注采能力总和都受到储气库物理性能的限制。本节给出储气库采气期物理限制对储气产品总量的数学约束,注气期的限制可同理得到。

从储气库整体调配的角度考虑,储气库每日最大采气能力为 Q_w,则整体产品设计应该受以下限制:

3 储气服务产品组合模式优化设计理论

$$
\left.\begin{aligned}
T_s \cdot Q_w &\geq \sum_{j=1}^{a} Q_d^j + \sum_{k=1}^{b} Q_w^k + \sum_{i=1}^{c} Q_m^i + \sum_{h=1}^{d} Q_s^h \\
T_m \cdot Q_w &\geq \sum_{j=1}^{a} Q_d^j + \sum_{k=1}^{b} Q_w^k + \sum_{i=1}^{c} Q_m^i \\
T_w \cdot Q_w &\geq \sum_{j=1}^{a} Q_d^j + \sum_{k=1}^{b} Q_w^k \\
Q_w &\geq \sum_{j=1}^{a} Q_d^j
\end{aligned}\right\} \quad (3-1)
$$

其中，T_s，T_m，T_w 分别为当注气期、当月以及当周的总天数，a，b，c，d 分别为储气库出售的日前产品、周前产品、月前产品份数以及统一调配产品份数。式（3-1）表明，储气库采气期采气能力应该大于所有储气产品的总采气能力之和，当月采气能力应该大于月前产品以上自由度所有储气产品的总采气能力之和，当周采气能力应该大于月前产品以上自由度所有储气产品的总采气能力之和。在上式的限制下，出售的所有产品均在储气库生产调配的能力范围内。

3.3 储气服务产品组合情景分析

3.3.1 不同市场化程度产品设计

在中国天然气市场化改革进行的背景下，储气产品财务价值会发生变化，而储气库产品组合的形式也应随之变化。本节将中国市场化程度分为低市场程度、过渡阶段、高市场程度3个阶段，以枯竭气藏储气库为例，分别讨论不同阶段推荐的产品组合。其中，低市场程度对应天然气价格受到相对管控与垄断的市场形态，高市场程度对应改革进行后天然气价格由市场供需决定的市场形态，而过渡阶段则指改革进行中市场形态逐渐发生变化的时期。

不同天然气市场化程度推荐的储气产品组合如图 3-2 所示。随着天然气市场化程度的增加，储气产品的类型得到了扩展。这是由于随着天然气市场化程度增加，不同储气产品的财务价值差异会增大，市场会对储气产品的多样性提出要求。随着产品的多样化及高自由度产品财务价值的提升，储气库整体效益也会得到显著提高。而当天然气市场化程度低时，不同储气产品价值难以得到区分，市场对高自由度产品需求低，增加产品类别只提高调配难度，却难以提高收益。因此，在低市场程度，仅推荐注采季产品作为单一的产品类别。在高市场程度，则应当引入多样的产品体系。本节引入的最高自由度产品为周前产品，这是因为对于枯竭气藏储气库，其工程调配难以支持每日变更的注采计划。

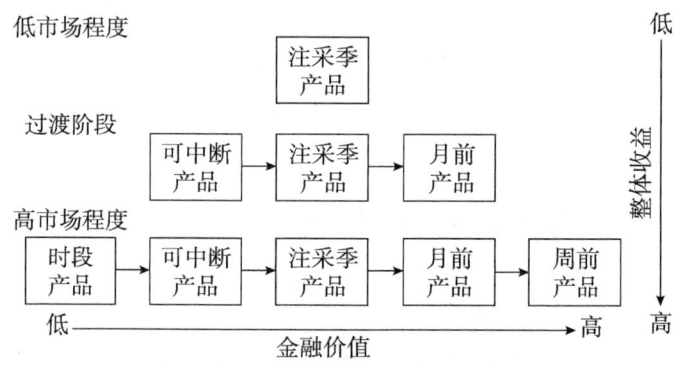

图 3-2　不同天然气市场化程度产品组合展示

在当前阶段，国家管网公司成立，《中央定价目录》停止对天然气价格的管制，重庆与上海两大石油天然气交易中心的交易量快速增长，天然气市场化程度有所推进。然而天然气价格市场化仍面临诸多困难，上游生产商掌握定价权。同时，考虑到储气产品出售对国内储气库运营是一种新生的运营模式，在出售初期可能面临接受度的问题。因此，推荐在现阶段按照低市场程度的模式,仅出售注采季产品作为储气服务。随着用户使用习惯的培养和对自由度需求的增加,添加可中断产品及月前产品以丰富产品线,提升储气库收益。

3.3.2 不同储气库周转性产品设计

对于不同类型的储气库,由于其周转性、调配难度的不同,则会产生不同储气产品的可能性。中国建设的储气库主要有枯竭气藏储气库及盐穴储气库两类,本节讨论这两种储库产品组合的差异。

首先考虑高市场化程度条件下的产品组合。前文给出枯竭油气藏的产品范围,包含从时段产品到周前产品。而盐穴储气库由于其调配难度低、周转期短,则可以提供从时段产品到日前产品的所有自由度产品。在成熟的天然气市场,现货价格由每日的供需决定,日前产品相对其他产品具有最高的套利空间。随着工程水平的提升,盐穴储气库理论上能做到"随注随采",结合用户的需求,在极端情况下甚至可以推出不受周转期限制的"随注随采"产品。

再考虑低市场化程度条件下的产品组合。虽然盐穴储气库具有调配性上的优势,但由于天然气的流动性及价格波动性不足,这种自由度上的优势并不能带来财务价值的显著提升。此时盐穴储气库可提供从注采季产品到周前产品的产品体系,更高自由度的产品应在用户接受范围内适当溢价。相比枯竭气藏储气库,盐穴储气库高灵活性所带来的产品财务价值优势难以在低市场程度时体现。

3.3.3 产品比例预判

前文提到应对储气库进行收益管理,并基于这一理念提出了基于注采自由度的产品体系。而收益管理的另一个核心理念在于,通过预测市场需求,针对细分市场进行差别性定价,优化资源配置,实现

"将座位按不同的票价卖给不同的顾客"。

在不同条件下对应的产品体系中,各种产品占据了储气库总能力的不同比例。储气库在出售产品前,应结合市场,对用户需求有一个预测,再根据预测结果设计不同产品的出售量。在产品出售的过程中,也可根据实际情况适时调整不同产品所占的比例,尽可能提升储气库收益。

本章小结

本章对储气库储气服务从基本属性角度进行分析,并基于基本属性提出了相应的商业化模式,明确了储气服务财务价值对储气库商业化运营的重要性。使用最小二乘蒙特卡洛法对储气服务的财务价值进行了量化评估,展示了财务价值在产品变化以及天然气市场发展两个维度的变化情况。基于这些理论,设计了基于注采自由度的产品模式,得出以下主要结论。

(1)储气服务具有双重属性,即易逝资产属性及套利属性。基于这两种属性,针对储气产品财务价值的不同,对储气库产品进行细分与差别性定价,实行收益管理,是储气库商业化运营的基本思路。

(2)在产品维度,储气产品的工作气量和注采能力呈相互制约关系,过大的工作气量或注采能力都会导致资源的浪费,因此,储气产品应当合理搭配工作气量与注采能力的组合,从而实现更优的价值。而产品的合同时长则受天然气价格周期性的影响,以一年的整数倍为合同时长的产品,具有相对更高的财务价值。

(3)储气产品能够捕捉天然气价格波动,具有财务价值,储气产品应根据其量化的财务价值,结合储气库调配难度进行溢价。

（4）设计从时段产品到日前产品的一系列不同注采自由度储气产品，随着注采自由度的提升，产品的溢价能力提升，调配难度也随之提升。

（5）随着天然气市场化程度的增加，储气产品的多样性也应该增加，在高市场化程度下，应设计多样化的储气产品；在低市场程度下，单一的储气产品能够满足初步的需求。

（6）盐穴储气库由于其高灵活性，在高市场化程度下能够实现注采更灵活的产品，从而提升产品财务价值。但在低市场化程度下，盐穴储气库灵活性带来的经济优势难以体现。

（7）不同产品的比例应根据储气库对用户需求的预测来决定。

4 储气服务产品财务价值评估理论

引言

在单以能源安全为目的的储气库运行状态下,储气服务的财务价值重要性往往被忽视。但当储气库向商业化运营的状态发展,在保障地区能源安全的同时,需要同时考虑运营收益与投资回报时,储气服务财务价值的重要性会显著增加。

在中国储气库发展的历史上,由于天然气市场化程度较低,储气库业务发展也尚处于初期,储气服务的财务价值并未受到业界的重视。但随着现阶段天然气市场化改革的深入,储气库商业化运行模式的推广应用,储气库的财务价值需要得到有效的评估。

在第 3 章中,我们论述了在储气库商业化运行下,多样化的产品组合能够有效提升储气库的收益率。在未来储气库商业化的发展中,合理评价储气服务的财务价值能够帮助平台公司评估不同产品的价值差异,并基于价值差异对产品进行合理定价,以使平台公司运营储气库获取更大收益。同时,对于储气服务的使用方,储气服务的价值评估能够帮助其选择适用于自身目的的产品,从而优化市场资源配置。因此,无论是对储气服务的供应方还是使用方,储气服务的价值评估都具有重要价值。

在不同的天然气市场环境下，天然气价格变化模式（简称价格模式）是多样化的。储气服务的价值评估方法也需要随之发生变化，以适用相应的价格模式。本章首先研究在欧美市场环境下已有的价值评估方法，并分析其适用范围。接下来研究中国市场现状，提出了一种适用于中国天然气市场化改革进行的过渡阶段的价值评估方法。在天然气市场化和储气库商业化的初期，这种价值评估方法能够有效用于评估储气库的财务价值。不同天然气市场化程度下适用的储气服务价值评估方法见表 4-1。

表 4-1　不同天然气市场化程度下适用的储气服务价值评估方法

天然气市场化程度	天然气价格特征	价值评估方法	评估依据
管制阶段	价格受政府管控，由门站价和上浮比例决定	无价值评估需求	无
过渡阶段	价格由供需决定，上下限受政府管控，市场流动性低，价格波动性低	历史价格法	近几年历史价格数据
市场化阶段	价格由供需决定，上下限受政府管控，市场流动性高，价格波动性高	特征参数法	期货价格、拟合参数

4.1　国内外天然气价格模式

4.1.1　欧美价格模式

对于欧美市场化程度较高的天然气市场，以美国 Henry Hub 为例，其 2018 年度现货与期货价格 P 的时间历程曲线如图 4-1 所示。从现货曲线（Spot curve）可以看出，天然气价格既存在短期的快速波动，也按照季节供需在供暖季有显著上浮，在供需极度不平衡的时候，价格会出现极大幅度的上涨或下跌，最高价与最低价差值接近 3 美元/

百万英制热单位（折合 0.75 元 / 立方米），最大上浮幅值可达到 120%。期货曲线（Forward curve）走势与现货曲线比较接近，但短期波动幅度相比现货价格更小，价格相对平稳。

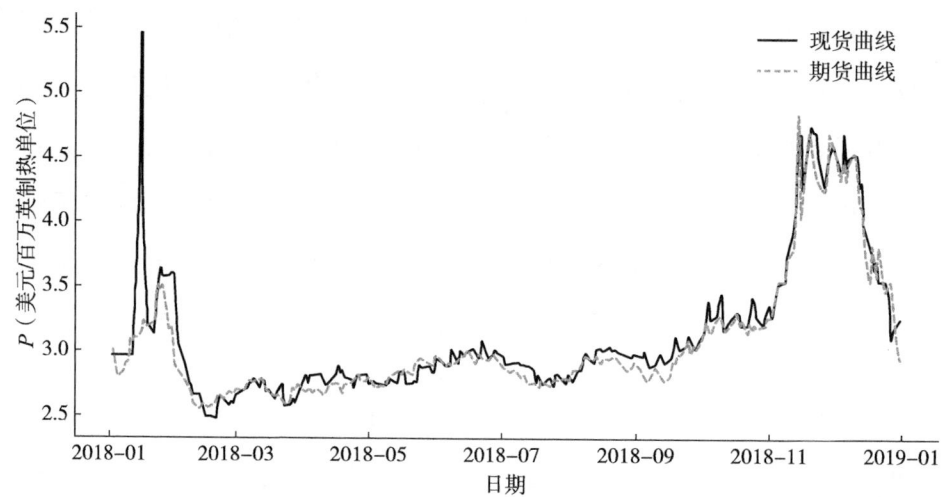

图 4-1　Henry Hub 现货曲线与期货曲线（折合价格范围 0.62 ~ 1.36 元 / 立方米）

当储气库工作气在 Henry Hub 交易时，针对其频繁且大幅的价格波动，能够提供较高的财务价值。在价格波动的前提下，欧美现货模型中财务价值的实现还对市场流动性有要求，主要体现在：（1）天然气市场足够庞大，并有足够多的交易者。储气能力拥有者买入和卖出任意量的天然气，都能够在当前价格下得到满足，且买卖行为不影响天然气价格。（2）天然气在每个交易日进行交易，价格以交易日为单位波动。（3）储气能力拥有者可以在任何交易日采取任何符合储气库物理限制的行动（采气、注气或维持现状）。

综合以上分析，欧美天然气价格模式有两点特征，一是有足够的价格波动频率与波动幅值，二是有足够的市场流动性来为财务价值的实现提供支撑。

4.1.2 中国现有价格模式

中国目前的天然气交易分为两类,一是合同内的交易,合同内交易过去长期受门站价限制,以门站价为基准进行上浮或下调,尽管2020年《中央定价目录》取消了门站价的限制,但目前大多省份仍然以门站价为参考定价,合同内交易价格由上游生产商决定,是非市场化的价格模式;二是合同外交易,随着交易中心的建立与发展,合同外交易量正在向交易中心转移。理论上,交易中心的价格应该由市场供需决定,但由于目前中国天然气生产商相对垄断,议价权仍掌握在上游,因此,交易中心的价格模式在目前的发展阶段并不具有市场化价格的完全特征,可以被视为半市场化的价格模式。

合同内交易的天然气价格 P 随月份变化曲线如图4-2所示。可以看出,合同内交易的价格按月发生变化,每月执行当月价格进行交易。全年价格只有少量明显的波动,即供暖季的价格上浮以及到夏季淡季时的价格下调。价格年度最大差值约为0.26元/立方米,最大上浮幅

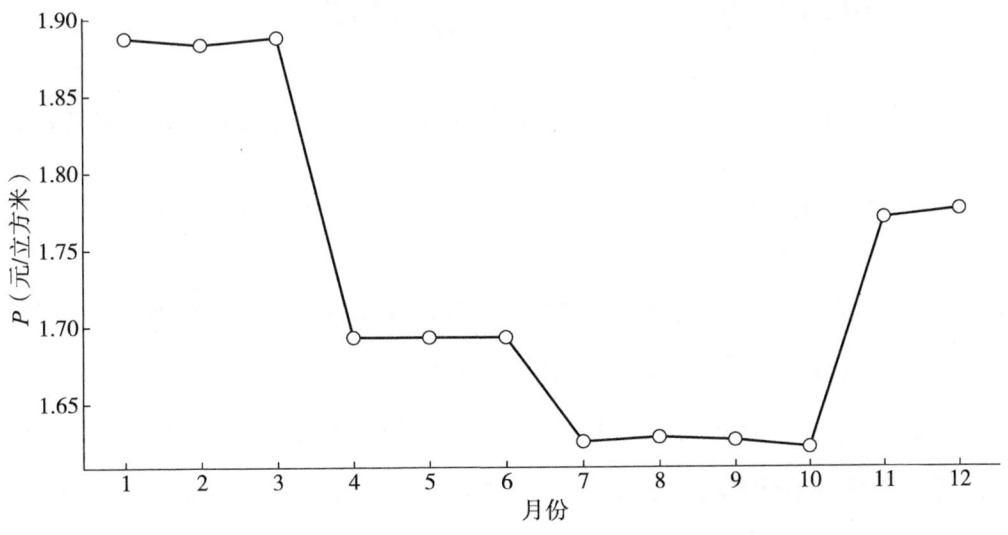

图4-2 合同内交易天然气价格 P 随月份变化曲线

值约为 16%，差价相对较小。

上海石油天然气交易中心（华东地区）加权平均价格 P 时间历程曲线如图 4-3 所示。可以看出，上海交易中心的交易周期并不固定，这是由于交易中心尚未建立起固定的工作日交易机制，交易主要由线上需求决定。天然气价格波动并不稳定，这是由于不同的交易日可能存在不同的供货商定价所导致。交易中心的市场参与者数量不足，价格的波动回归性不足，导致价格短期在一定范围内的波动。两年内天然气价差最大约为 1.4 元 / 立方米，最大上浮幅值约为 78%。

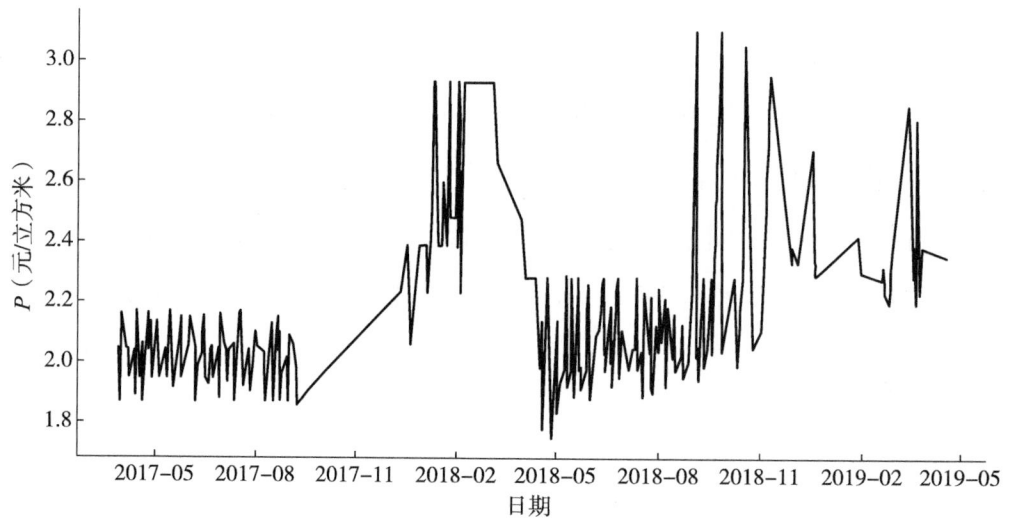

图 4-3　上海石油天然气交易中心（华东地区）加权平均价格 P 时间历程曲线

综合以上分析，合同内交易价格波动周期长，波动幅值小，能够提供的储气库财务价值极为有限；交易中心价格波动周期相对短，变化频率不固定，价格波动幅值相对大，能够提供相对高的储气库财务价值。但由于两种交易模式都存在交易流动性问题，理论上的财务价值实现起来会出现困难。

4.1.3 中国市场环境的差异

中国天然气市场在市场特征、监管政策以及产品形态等方面与欧美天然气市场存在显著的差异，考虑欧美模型对中国市场的适应性问题，有助于建立更加本地化的模型进行中国储气库的价值评估。结合前文介绍的欧美模型，分别对其进行适应性分析。

内在价值模型、滚动内在价值模型以及差价期权篮模型的计算均依赖远期曲线。对于中国天然气市场，目前尚没有可供交易的期货产品，并不存在远期曲线数据，因此，这3种模型无法适用于现阶段中国天然气市场的环境。

现货模型通过价格模式基于过去的市场特征来预测未来的现货价格走势。以现货模型中的最小二乘蒙特卡洛法为例，Boogert等采用的单因素价格模式写作：

$$\frac{\mathrm{d}S(t)}{S(t)} = k[\mu(t) - \ln S(t)]\mathrm{d}t + \sigma \mathrm{d}W(t) \quad (4-1)$$

其中，$W(t)$为随机生成数；$\mu(t)$为基准曲线的拟合形式；k为平均回归率；σ为价格波动率。

该方法通过上述价格模式生成大量的蒙特卡洛未来价格曲线，对这些曲线进行价值评估并取平均值，得到储气库财务价值的数值解。和的获取均源于对历史价格走势的拟合，由于国外市场波动特征相对稳定，使用源于历史走势的参数预测未来走势，能够取得合理的结果。当这种预测方式用到中国市场环境，存在的主要问题在于，中国天然气市场近年处于改革过程中，天然气价格与交易模式发生了显著变化，其市场化程度在政策与产业结构的变化下逐步增加。在这样的背景下，既难以提取历史价格的拟合参数（对于合同内交易数据，交易周期过大；对于交易中心数据，交易周期变化不稳定），同时历史参数对未来的预测合理性也存在很大的疑问。

通过以上分析可以看出，几类通用的欧美储气库价值评估模型并不适用于中国现阶段的实际情况，无法直接用于中国储气库财务价值的评估。要追踪中国储气库财务价值在市场化改革下的变化情况，则需要找到适用于中国环境的价值评估方法。

4.2　欧美储气服务产品价值评估模型

在过去20年间，欧美学界进行了一系列关于储气库价值评估与优化的研究，提出了多种价值评估模型。Jong根据这些模型的基本思路，将其分为4类，包括内在价值模型（intrinsic）、滚动内在价值模型（rolling intrinsic）、差价期权篮模型（basket of spreads）以及现货交易模型（spot trading）。关于这些模型的详细算法，可参考对应的文献，本节仅简单介绍模型的基本思路。

内在价值模型仅考虑天然气价格的远期曲线，针对天然气期货价格曲线进行最优化的计算，得出储气库在期货曲线的价格上进行最优化交易能够得到的现金流。由于天然气期货曲线的波动主要受季节价差影响，该模型得出的财务价值被视为储气库内在价值的反映。

滚动内在价值模型与内在价值模型相似，都依赖于针对远期曲线的最优化计算。但滚动内在价值模型同时考虑了在特定时间点的对冲操作，因此会得到相比内在价值模型更高的财务价值。

差价期权篮模型将储气库视为在时间线上的一篮子差价期权，通过计算每个期权的最优化操作，从而获取储气库的财务价值。显然，该模型也依赖于天然气的远期曲线进行计算。

相对前3种模型，现货模型具有更高的灵活性，能够将模型的交易周期缩短到每日（前3种模型交易周期依赖于远期曲线价格变化周期）。现货模型有多种具体算法，但都基于同样的思路：建立对未来天然气现货价格变化模式的预测，通过最优化的现货交易，结合储气库的物理限制，得出最优的操作路径与现金流结果。通常，对现货价格变化模式的预测通过价格模式（price process）来进行，国外已提出多种模型来拟合欧美市场形态下的价格模式。

从以上分析看出，欧美现存模型的价值评估都是基于对未来价格的预估。前3种模型通过远期曲线来预估未来价格，而现货模型则通过价格模式来模拟未来价格的可能走势，价格模式中的参数则来源于历史市场的波动形态。这些模型有着同样前提假设：天然气交易市场具有高度的流动性和成熟的期货现货系统，天然气的交易具有显著的金融产品特征。

4.3 中国储气服务产品价值评估模型思路

要合理对储气库进行财务价值评估，就需要结合前节讨论的价格模式，给出针对性的价值评估模型。对于 Henry Hub 价格模式，国外已有一系列成熟算法，最为常用的模型为最小二乘蒙特卡洛模型。对于中国两种价格模式，则尚缺乏价值评估的方法研究。本节简单介绍最小二乘蒙特卡洛模型，提出历史价格模型来对中国现有价格模式进行储气库财务价值评估，并讨论这些模型在中国天然气发展中的应用。

4.3.1 最小二乘蒙特卡洛模型

Boogert 等给出了最小二乘蒙特卡洛法的详细算法，此处仅介绍其基本思路。最小二乘蒙特卡洛模型进行价值评估思路为，通过模拟大量根据特征参数预测的未来价格曲线，并针对这些曲线进行价值评估，计算平均值作为最终的价值评估结果。对于未来价格曲线的预测通常基于当下的远期曲线，如图4-4（a）所示。由其生成的蒙特卡洛曲线，如图4-4（b）、（c）、（d）所示。针对单一的价格曲线，则通过数值算法计算出在该价格曲线下，在储气库的物理限制（工作气量，注采能力）下进行可能的注采操作后，能够实现的最优价值。

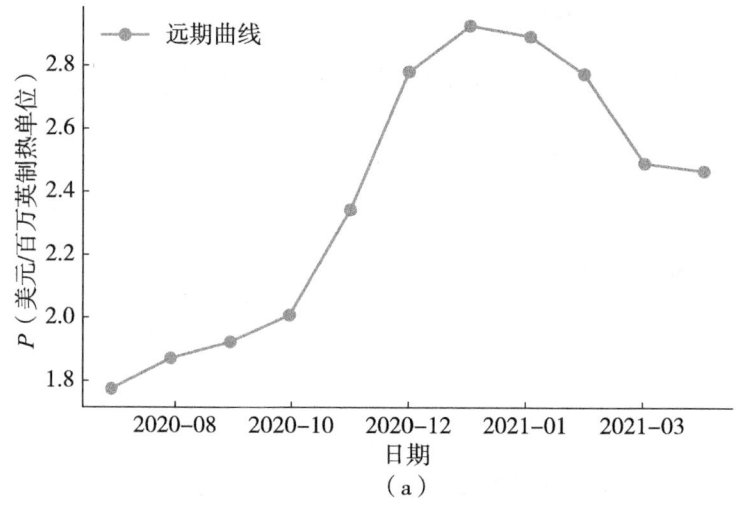

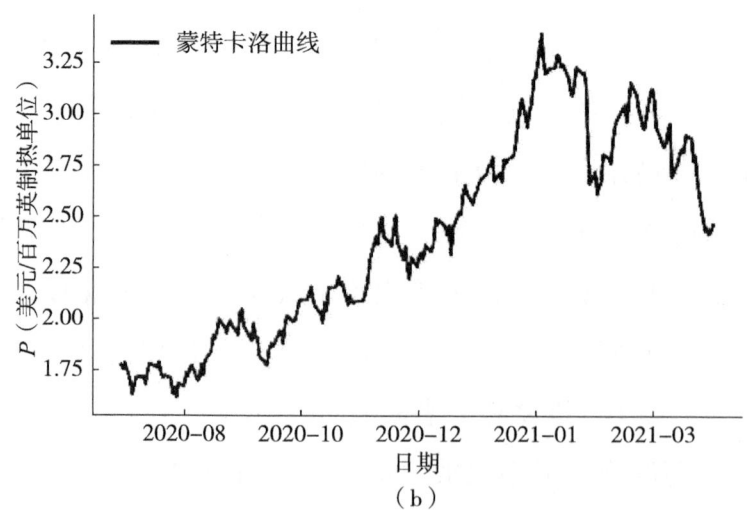

图4-4 远期曲线及由其生成蒙特卡洛曲线（一）

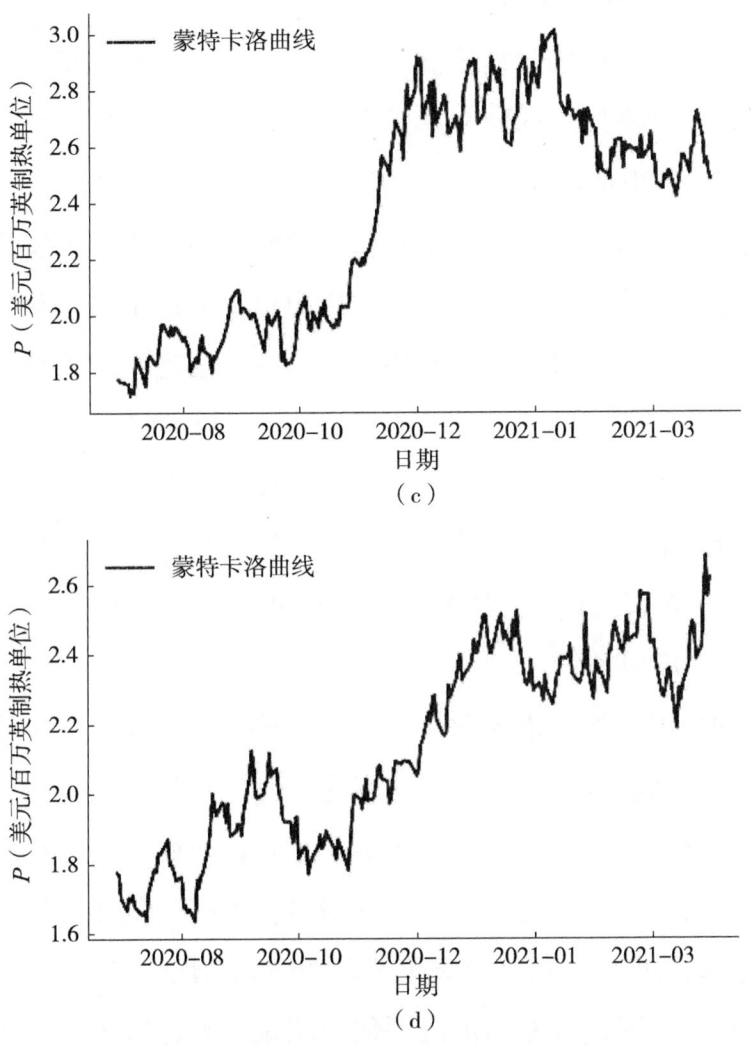

图 4-4 远期曲线及由其生成蒙特卡洛曲线(二)

最小二乘蒙特卡洛法的计算需要两个主要条件,即基于市场价格模式的特征参数提取,以及基于远期曲线的未来价格走势预判。欧美高度市场化的天然气市场能够提供这些条件,并提供足够的流动性支撑。

4.3.2 历史价格模型

基于前节关于中国价格模式的讨论，本节提出使用历史价格曲线对适用于这些价格模式的储气库进行价值评估，称相应计算模型为历史价格模型，历史价格模型的详细算法在第 4.4 节中介绍。

历史价格模型使用天然气历史价格曲线对储气库能够实现的财务价值进行评估，通过计算储气能力在历史价格曲线上最优化操作能够实现的现金流，得出财务价值的估值。这一方法适用于天然气市场化程度较低的价格模式：由于市场化程度低，价格受短期因素影响小，主要影响因素为季节与气温，价格年度周期性变化更为明显，采用历史曲线进行估值可靠性高。同时，对于中国价格模式，参数化地描述市场特征并不可行，使用过去年份的价格更具有参考性。

4.3.3 应用场景

考虑到中国天然气市场化改革的大趋势，中国天然气价格模式显然会在未来根据政策、产业结构的变化，发生相应的变化。可以将合同内交易的价格模式作为市场化改革的起点，而中国交易中心现阶段的价格模式则是在市场化改革背景下的过渡形态，最终市场化改革完成的价格模式则可能呈现高市场化波动和高流动性。

相应地，中国储气库的价值评估方法也需要适应天然气市场的变化。在市场化程度低的阶段，使用历史价格模型评估在交易方式和价格模式下的储气库财务价值；当市场化程度较高的交易方式和价格模式出现，则使用最小二乘蒙特卡洛法对其进行价值评估。在现阶段和短期的未来，历史价格模型是可行的价值评估方式。

4.3.4 数值算法

历史价格模型的对单一曲线的评估算法来源于 Booger 等，但基于中国实际,做了两方面的调整:修改模型交易时间限制,使之适用于非连续、非固定频率的交易周期;取消对蒙特卡洛曲线的生成与估值,转而对相应市场历史价格曲线进行估值。本节介绍调整后的数值算法。

储气能力受到 3 个维度的限制:工作气量、注采能力以及时间。考虑这样一份储气合同:最大工作气量占用为 v_{max},单日最大注气能力为 i_{max},单日最大采气能力为 i_{min},储气合同从 $t=0$ 开始,到 $t=T+1$ 结束。在储气合同时间范围内,一共有 N 个交易日,将这些交易日写作 t_n,$n=1, 2, \cdots, N$,交易日对应的天然气价格写作 $S(t_n)$,两个相邻交易日之间的时间间隔写作 Δt_n,其中 t_n 为较前交易日的时间。

合同拥有者可以在任何交易日 t_n 选择将储气库中的天然气在市场上交易,从而改变储气库的工作气量。可以交易的天然气量 $\Delta v(t_n)$ 受储气库注采能力限制,为 Δt_n 时间内注采能力的总和,写作:

$$-i_{min} \times \Delta t_n \leq \Delta v(t_n) \leq i_{max} \times \Delta t_n \tag{4-2}$$

同时也受到总工作气量的限制,写作:

$$0 \leq v(t_n) + \Delta v(t_n) \leq v_{max} \tag{4-3}$$

因此,在任何交易日 t_n,储气库可发生的工作气量变化为

$$D[t_n, v(t_n)] = \{\Delta v \mid 0 \leq v(t_n) - \Delta v(t_n) \leq v_{max}, -i_{min} \times \Delta t_n \leq \Delta v(t_n) \leq i_{max} \times \Delta t_n\} \tag{4-4}$$

储气库在时间 t_n 的现金流写作:

$$h[S(t_n), \Delta v(t_n)] = -S(t_n)\Delta v(t_n) \tag{4-5}$$

储气库合同价值定义为在最优的工作气量操作策略 Π 下能够获得的累积未来现金流,写作:

$$sup_\pi E\left\{\sum_{r=0}^{T}e^{\delta_t}h[S(t),\Delta v(t)]+e^{-\delta}(T+1)q[S(T+1),v(T+1)]\right\} \quad (4-6)$$

其中，δ 为利率；q 为在合同到期后，如果还有剩余工作气量的赔偿金额，如果没有相应的赔偿机制，则 $q=0$。

延续值为期权中的概念，引申到储气库价值评估中，其意义为在时间 t_n 采取特定交易策略后，未来能够达到最优现金流，写作：

$$C[t,S(t),v(t),\Delta v]=E\{e^{-\delta}U[t+1,S(t+1),v(t)+\Delta v]\} \quad (4-7)$$

其中，U 为储气库价值，写作：

$$U[t,S(t),v(t)]=\max_{\Delta v\in D(t,v(t))}\{h[S(t),\Delta v]+C[t,S(t),v(t),\Delta v]\} \quad (4-8)$$

$$U[T+1,S(T+1),v(T+1)]=q[S(T+1),v(T+1)] \quad (4-9)$$

以上公式表明，在每个交易日 t_n，储气合同拥有者都需要衡量各种可能的工作气量变化，考虑当日买进/卖出天然气的现金流与延续值的总和，并使之取得最大值。在取得最大值时的 $\Delta v(t_n)$ 即是当日的最优操作，记为 $\pi(t_n)$，相应地当日现金流和延续值之和，则为在时间 t_n 储气库能够实现的价值 $U[t,S(t),v(t)]$。

要数值求解上述最优化问题，需要将储气能力在时间和空间上进行离散。由于交易日的限制，时间上本身是离散的。在空间上进行离散，将总工作气量分成 k 份，则有 $k+1$ 个体积点。在任意交易日 t_n，能够达到的工作气量为 $D[t_n,v(t_n)]$ 内有限的体积点。计算每个点的 $U[t,S(t),v(t)]$，选取其中的最大值对应的体积操作，则可求得 $\pi(t_n)$ 的值。

对于特定的价格曲线，从时间 $T+1$ 开始计算，逆向求得每一个交易日的 $\pi(t_n)$，直到 $t=0$，即可得到针对该价格曲线的最优操作路径 Π。

在该路径下储气能力实现的总现金流 $U[0, S(0), v(0)]$，即为在该价格曲线下储气能力的价值评估结果。

4.3.5 模型验证

为实现以上数值算法，基于 Python 语言 NumPy、SciPy 等科学计算库，编制历史价格模型储气能力价值评估程序。考虑合同内交易与交易中心交易两种价格模式，使用该程序进行价值评估的实例，验证前节算法对中国价格模式价值评估的可靠性。

4.3.5.1 计算参数

考虑特定储气能力，其主要参数见表 4-2。需要注意的是，这类参数既可以表征储气库出售的储气服务，也可以表征储气库整体。本节中的计算均以表 4-2 参数作为边界条件。

表 4-2 储气能力限制参数

时长	最大注入速率	最大采出速率	最大工作气量	初始工作气量
1 年	2.5×10^5 立方米/日	5×10^5 立方米/日	2.5×10^7 立方米/日	0 立方米

4.3.5.2 合同内交易价值评估

当储气库工作气量在合同内交易时，采用某地区 2018 年 4 月 1 日至 2019 年 3 月 31 日的历史价格曲线作为其估值曲线，如图 4-5（a）所示。计算得到的优化工作气量路径如图 4-5（b）所示，在该路径操作下，储气合同最终能够实现的价值为 7.608×10^6 元。可以看出，优化的工作气量路径能够把握天然气价格随月份的波动，在低气价时判定买入，高气价时判定卖出，通过最优的操作路径，实现最优的现金流。这说明了历史价格模型能够适用于合同内交易的财务价值评估。

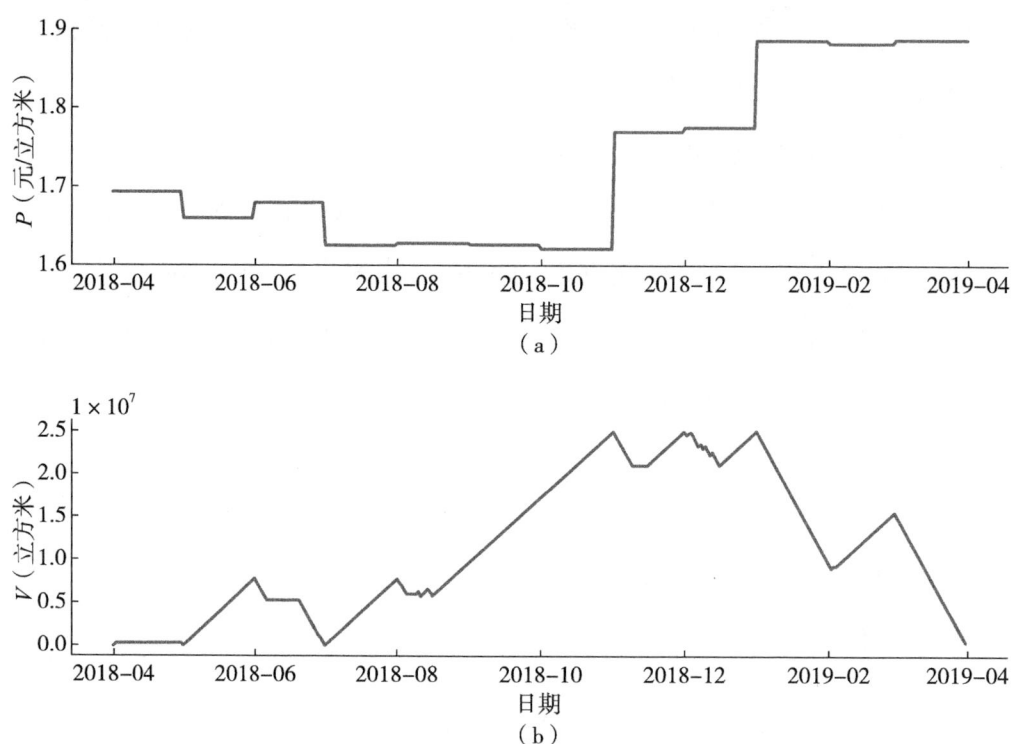

图 4-5　历史价格曲线及相应的优化工作气量路径（合同内模式）

4.3.5.3　交易中心交易价值评估

当储气库工作气量在交易中心交易时，采用 2018—2019 年度的价格曲线（上海石油天然气交易中心华东地区数据）作为其估值曲线，如图 4-6（a）所示。计算得到的优化工作气量路径如图 4-6（b）所示，在该路径操作下，储气合同最终能够实现的价值为 2.797×10^6 元。可以看出，即使在交易中心幅度较大的价格波动及不稳定的交易日期下，优化的工作气量路径仍能够良好地把握天然气价格的波动，实现最优的现金流。这说明了历史价格模型同样适用于交易中心模式下的储气库价值评估问题。

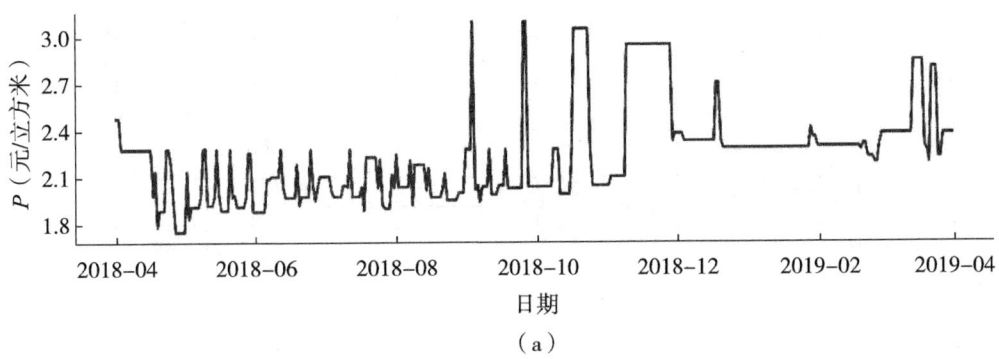

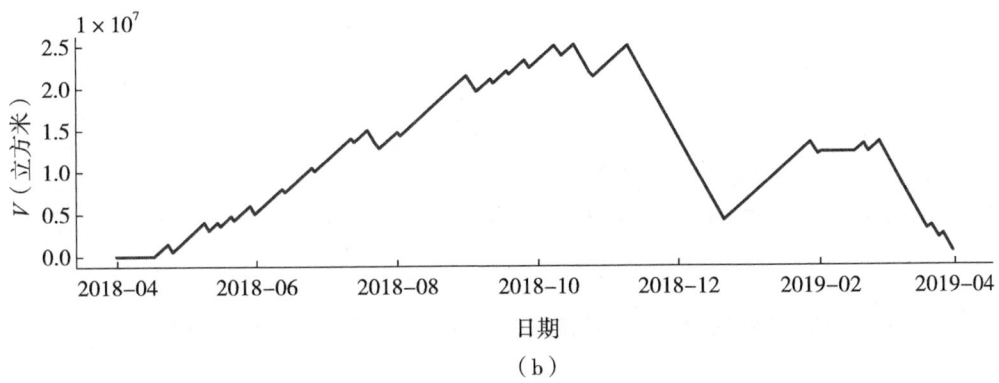

图 4-6 历史价格曲线及相应的优化工作气量路径（交易中心模式 2018—2019）

当采用 2017—2018 年度价格曲线（上海石油天然气交易中心华东地区数据）作为其估值曲线时，如图 4-7（a）所示，计算得到的优化工作气量路径如图 4-7（b）所示。在该路径下，储气合同最终能够实现的价值为 2.891×10^6 元。采用 2017—2018 年数据估值结果与采用 2018—2019 年的数据差异约 3%。这说明了在交易中心价格模式下，储气库财务价值的年度周期性较强，采用年度价格曲线进行价值评估结果具有较强参考性。

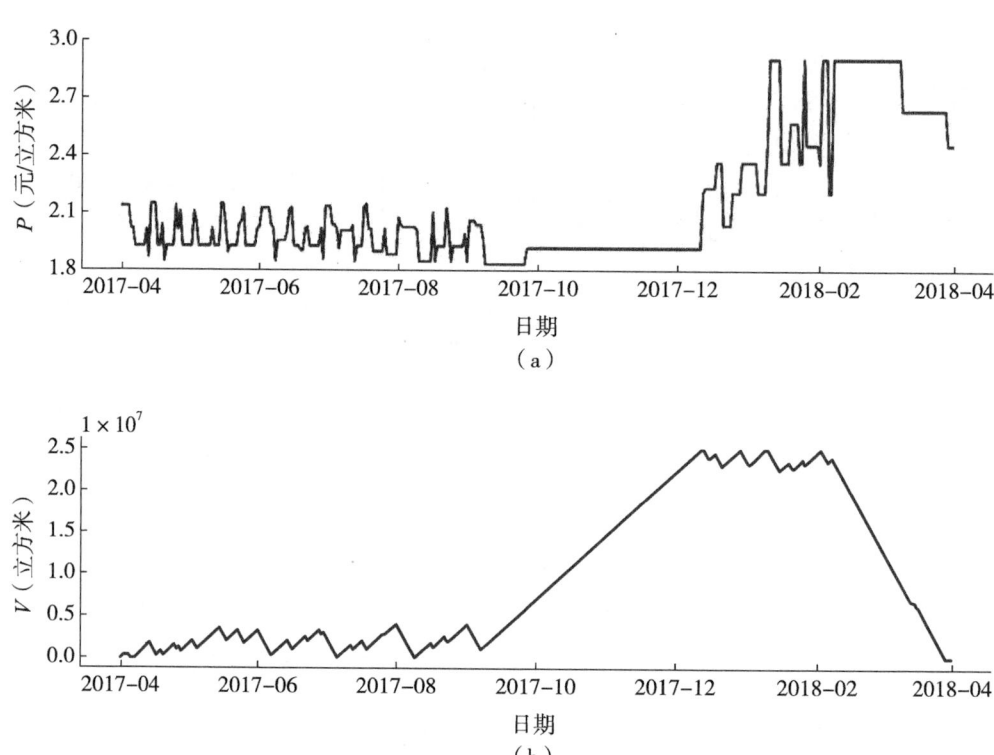

图 4-7　历史价格曲线及相应的优化工作气量路径（交易中心模式 2017—2018）

4.3.5.4　讨论

本质上，欧美现有价值评估模型均基于对未来天然气价格的预期，这个预期受到季节价差与短期市场波动两方面因素的影响。而历史价格模型的主要前提假设是，季节差异带来的影响是主要的价格波动来源，这才使得使用历史价格的估值具有参考性。

天然气价格市场化程度越高，欧美价值评估模型的可靠性越高，而历史价格模型的估值则越可能偏离实际。而在天然气市场化程度越低的情况，价格的影响因素越单一，历史价格模型的可靠性则越高。

历史价格模型适用于评估现有价格模式下的储气库财务价值，但随着中国天然气市场化改革的进行，历史价格模型的可靠性会发生降低。判断在更具市场性的价格模式下，应当何时将价值评估方法转为基于未来预期的模型类别，是值得进一步研究的问题。

要研究中国储气库的财务价值的变化，特别是追踪与量化中国储气库财务价值在市场化改革下的增长情况，价值评估模型是核心的研究工具。本节介绍在历史价格法的基础上，天然气市场化进程初期储气库财务价值的计算方法，即历史价格模型。

4.4 中国市场化改革下的储气库价值评估

欧美的储气库主要通过出售储气服务的方式进行运营，价值评估的计算结果要运用到储气服务产品的定价与销售中，储气产品的使用者也会利用价值评估模型来计算储气服务能够带来的收益。因此，欧美价值评估模型必须对未来的市场进行合理的预测。欧美天然气交易模式相对稳定，这也为这种预测提供了必要的条件。

在现有政策导向下，中国储气库正转向市场化模式运营。原有的核价模式通常基于投资成本的允许收益率，而在市场化模式下，则需要在基于允许收益率的基础上，考虑储气库财务价值带来的额外溢价进行核价。在中国天然气市场化改革进行的背景下，可以预见中国储气库的财务价值会发生阶段性的变化，这会导致储气库溢价能力的变化。在这种情景下，改革前后的财务价值通常会发生显著的变化，很难准确评估储气库的定量财务价值。追踪改革前后的财务价值相对变化，并基于此推进储气库市场化运营，对于中国储气库更有指导价值。采用历史价格，而非预测未来价格进行价值评估，能够满足追踪相对价值变化的要求，同时在中国价格环境下更为可行。

因此，中国现阶段的储气库应采用天然气市场中选取的历史价格数据进行价值评估,并对模式改变后的价值评估结果进行对比,从而捕捉市场化改革下的储气库财务价值变化情况。以主要的政策或交易模式为节点,针对受影响的天然气价格波动,计算相应储气库在价格波动区间内能够实现的现金流。

4.4.1 计算实例

中国现有的天然气销售主要存在两种渠道,即合同内销售与合同外销售。随着上海与重庆两大石油天然气交易中心的建立,合同外交易量相当部分转移到了交易中心的线上平台进行。为便于理解,此处将合同内交易视为改革前的市场模式,而交易中心的交易视为改革推进后的市场模式。本节分别对改革前后天然气市场进行储气库的价值评估,用于展示前文价值评估思路在追踪市场化改革中储气库财务价值的应用。

用于计算的储气库参数见表4-3,计算的价格数据分别来源于合同内数据及上海石油天然气交易中心华东地区数据。需要注意的是,储气库的周转期并未在模型中考虑,这是由于不同类型储气库具有不同的周转期,此处计算仅考虑最理想情况,即储气库的注采能够随时发生转换。当评估储气库时,可在模型中加入周转期的限制。

表4-3 储气库计算参数

时长	最大注入速率	最大采出速率	最大工作气量	初始工作气量
2017—2019年	2.5×10^6 立方米/日	5×10^6 立方米/日	5×10^8 立方米	0立方米

其合同内交易2017—2019年度价格曲线如图4-8(a)所示,计算得到的工作气量优化路径如图4-8(b)所示。在相应的价格和路径下,最终该储气库能够实现的财务价值为2.005×10^8元。上海石油天

4 储气服务产品财务价值评估理论

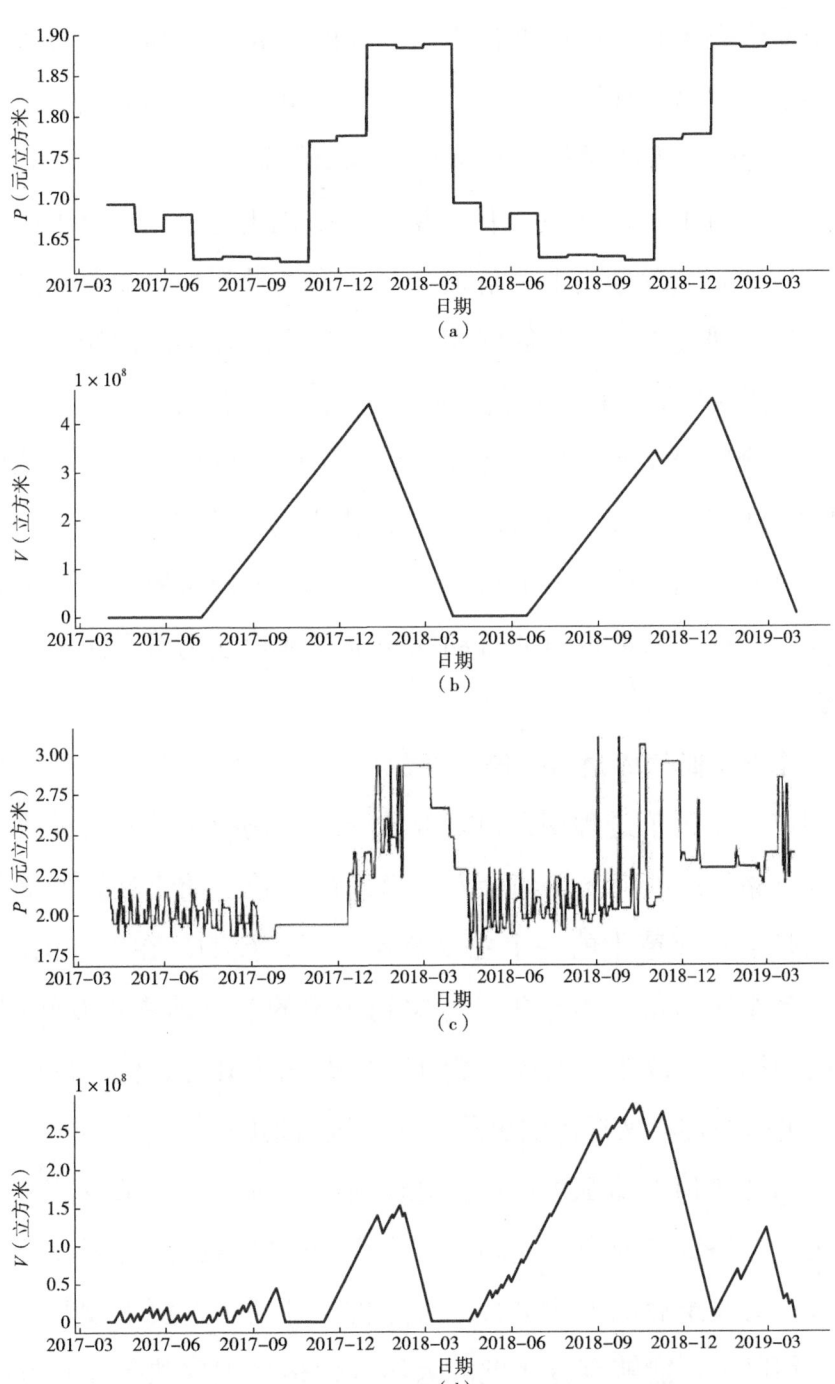

图 4-8 两种交易模式价格曲线及对应最优工作气量路径

然气交易中心华东地区同期价格曲线如图 4-8（c）所示，计算得到的工作气量优化路径如图 4-8（d）所示。在相应的价格和路径下，最终该储气库能够实现的财务价值为 4.572×10^8 元。对比图 4-8（b）和（d）可以看出，图 4-8（d）的工作气量曲线变化更为频繁。这说明储气库要在交易中心实现理论财务价值，对工作气量的注采需要发生更为频繁的变化。现实中，由于储气库注采变化受周转期的限制，同类储气库要实现更快的周转期，往往需要更高的工程水平。

相比合同内交易，储气库在同期交易中心价格下的财务价值提升了 128%。因此，交易中心的建立，作为市场化改革进程中的一步，大幅度地提升了储气库的财务价值。然而，这种价值提升仅仅来源于价格波动，实现其财务价值的流动性需求在现阶段仍然无法在交易中心得到满足。

4.4.2 储气库财务价值的追踪

在市场化改革进程中，以重要政策、市场模式、交易模式等变化为节点，储气库的财务价值会发生显著的变化，前文计算的交易中心成立则是近年改革中的一个主要节点。可以预期，在未来的改革中，还会有多个类似的节点产生。考虑到中国的改革通常以双轨制进行，改革前的模式和改革后的模式会在一段时间内并存，储气库财务价值的变化可以通过本文提出的思路进一步进行追踪。

对财务价值的追踪可由以下几步进行：确定改革节点的产生，能对天然气价格形态或交易流动性产生影响的宏观因素均可以视为改革的节点；对改革后的模式进行储气库价值评估，这要求改革后的模式运行 1 年以上，能够有整年度的天然气价格数据反映节点对价格模式的影响；对同期未发生变革的价格模式进行储气库价值评估，并与改革后模式进行对比。

通过对储气库财务价值的追踪，把握其财务价值在市场化改革中的变化，有助于储气库市场化运营的设计与推进。归根结底，储气库市场化运营及价值实现，很大程度依赖于天然气价格市场化的推进。

4.5 储气库注采能力价值变化

储气库的投资中，注采能力的建设占据重要部分。注采能力的高低依赖于对压缩机的投资，为储气库建设更强的注采能力意味着选用更大功率的压缩机，从而增加成本的投入。同时，注采能力也是储气库商业价值实现的核心参数。储气库通过在低价时购入天然气，在高价时出售天然气，能够实现套利的目的，在运营中收回投资成本。更高的注采能力意味着储气库能够更灵活地捕捉天然气的低价与高价时期，相应地注入/采出更多的天然气，从而实现更高的商业价值。因此，压缩机的投资是储气库投资与建设过程中一项需要慎重决策的问题。

中国天然气价格的市场化改革也在进行中。随着天然气市场化程度的增加，价格模式会发生相应的变化。而在不同价格模式下，由于需要捕捉的价格波动不同，储气库注采能力的价值会发生显著变化。

储气库的建设需要较长的周期，现阶段规划的储气库在未来能够投入使用时，天然气价格模式会与现阶段模式有一定区别。因此，储气库注采能力的规划应该考虑天然气市场化改革进一步深化时的情景，而非只考虑当前的天然气价格模式。研究天然气市场化进程中储气库注采能力价值的变化趋势，对于储气库注采能力的投资规划决策具有重要的参考意义。

本节首先分析不同天然气市场化程度下价格模式，并提取相应的特征参数，作为市场化程度的量化指标。在量化指标基础上，结合储气库价值评估模型，进行不同注采能力下储气库能够实现价值的数值研究，并展示在不同的天然气市场化程度下，注采能力价值发生的变化。

4.5.1 特征参数

通过对第4.2节中不同价格模式曲线进行观察可以得出，市场化程度的不同主要体现在两个参数的变化上。

首先是价格变化周期Δt。随着市场化程度的增加，Δt从合同内交易的每月价格变化，减少至上海交易中心的数日价格变化（此时Δt存在较大波动），再到Henry Hub的每日价格变化。可以认为，随着市场化程度的增加，价格变化周期Δt呈减小趋势。

其次是价格波动幅值。随着市场化程度的增加，最大价差从合同内交易的不到0.3元/立方米，增加至了Henry Hub的约3美元/百万英制热单位。可以认为，随着市场化程度的增加，价格波动幅值呈增加趋势。

4.5.2 储气库参数

考虑表4-4的储气库/储气合同，储气库运行时间为1年，注入速率为a万立方米/日，采出速率始终为注入速率的两倍，最大工作气量为3000万立方米。

表4-4 计算储气库基本参数

时限	注入速率	采出速率	最大工作气量	初始工作气量
2018.4—2019.3	a万立方米/日	$2a$万立方米/日	3000万立方米	0

4 储气服务产品财务价值评估理论

针对 2018 年 4 月到 2019 年 3 月的任意价格曲线，结合前文给出的价值评估模型，能够计算出在这些储气库参数限制下所能够获得的最高收益，即储气库价值。随着注入速率 α 的增加，储气库价值也会相应增加。在后续计算中，考虑不同的交易周期和不同的价格波动性，计算注入速率 α 从 10 万立方米/日增加至 100 万立方米/日储气库最高收益。

在不同价格曲线下，增加一定注入速率，对应的储气库价值增量越大，我们则认为此时储气库的注采能力价值越高。通过对比这些计算结果，即可得出不同天然气市场化水平下注采能力的价值变化。

4.5.3 交易周期影响

要研究交易周期对注采能力价值的影响，需要生成不同交易周期的价格曲线。基于上海石油天然气交易中心华东地区 2018 年 4 月至 2019 年 3 月的价格数据，对每日价格进行插值处理，再按照 Boogert 等的单因素价格模式（见第 4.2 节）引入随机波动后，生成的每日价格曲线如图 4-9（a）所示，此时的交易周期 $\Delta t=1$。

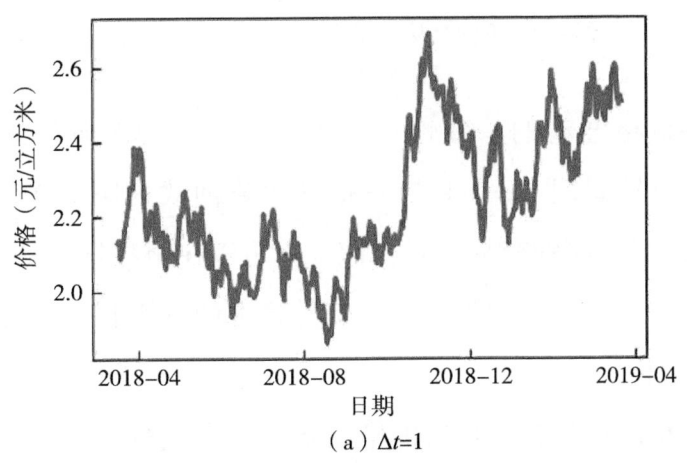

（a）$\Delta t=1$

图 4-9　不同交易周期的估值价格曲线（一）

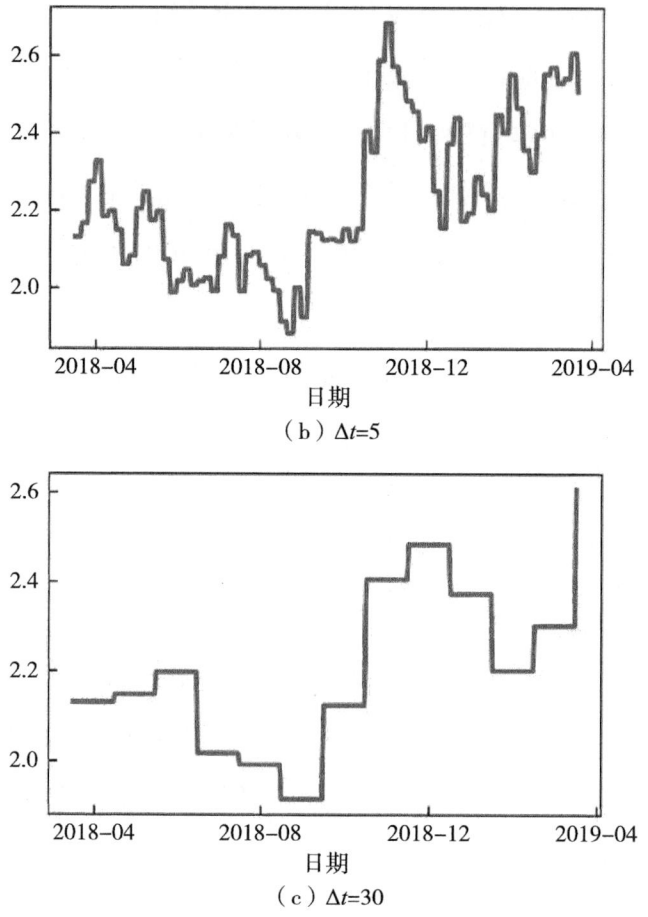

(b) $\Delta t=5$

(c) $\Delta t=30$

图 4-9 不同交易周期的估值价格曲线（二）

为保持价格波动的一致性，对图 4-9（a）中的价格进行周期性取样，生成交易周期 $\Delta t=5$ 和 $\Delta t=30$ 的价格曲线如图 4-9（b）和（c）所示。对于多日间隔的交易模式，储气库可以在交易日交易 Δt 天能够进行的注采气量，因此，在下一个交易日之前的当日价格恒等于前一个交易日的价格。

对于 $\Delta t=1, 3, 5, 15, 30$ 的价格曲线，分别进行不同注采能力下的价值评估，得出的不同交易周期下储气库价值随注入能力的关系曲线如图4-10所示。可以看出，随着注入能力的增大，任意交易周期下的储气库价值都呈增加趋势。在 Δt=1, 3, 5, 15 下，储气库价值的增加速率比较接近，这说明在这些交易周期下，注采能力的价值没有发生明显变化。在 Δt=30 下，储气库价值的增加速率显著小于其他交易周期的情况，这说明当交易周期增大至 30 天，注采能力的价值发生了显著下降。

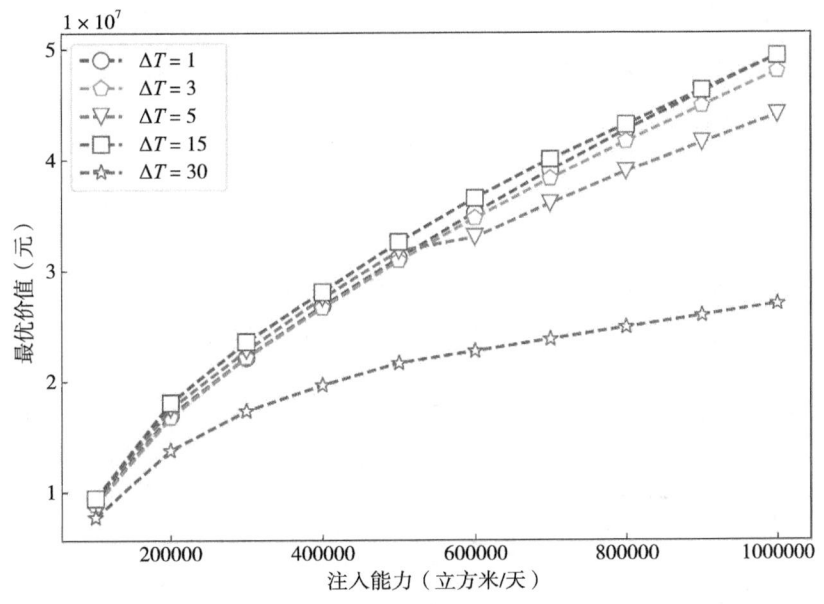

图 4-10　不同交易周期储气库价值与注采能力关系曲线

注采能力对储气库价值的影响程度变化原因可以用相应的优化工作气量路径来解释。不同注采能力下不同交易周期对应的优化工作气量路径曲线如图 4-11 所示。可以看出，在低注采能力下 [图 4-11（a）]，最大工作气量只有约两千万立方米，储气库库容没有得到充分利用。不同交易周期的优化工作气量路径基本保持一致，此时由于注采能力过低，储气库只能捕捉全年价格的整体趋势进行套利，在不同交易周期下能够实现的价值基本一致。在高注采能力下 [图 4-11（b）]，最

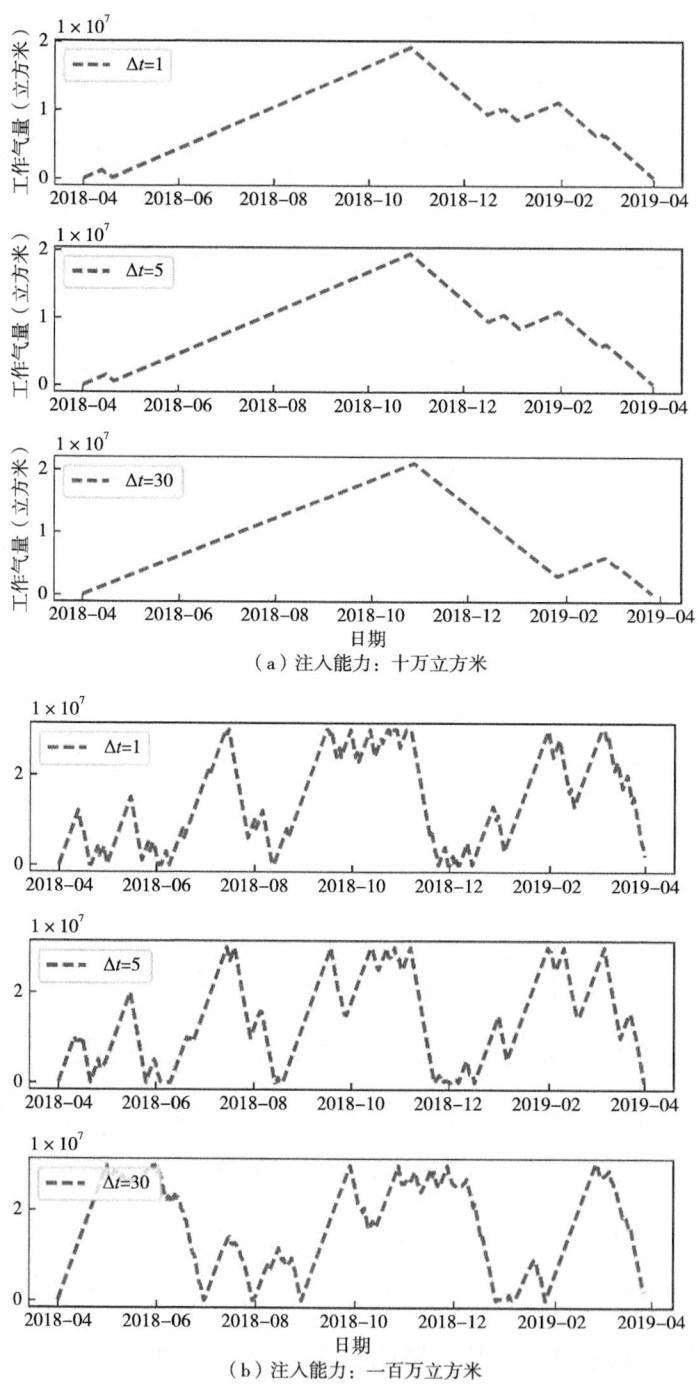

图 4-11 不同交易周期在不同注采能力下优化路径

大工作气量为三千万立方米，库容得到充分利用；各优化路径相对于低注采能力都增加了大量短期波动，用于捕捉短期的价格波动进行套利，因此能够实现比低注采能力下更高的价值。$\Delta t=1$ 和 $\Delta t=5$ 时的优化路径比较接近，实现的套利价值也基本一致。$\Delta t=30$ 时相对少了许多路径上的波动，最终实现的价值也更低，这是由于此时价格波动周期太长，没有很多的短期价格波动可供高注采能力捕捉，高注采能力无法实现其应有价值。

对应到现有天然气交易市场，合同内交易对应 $\Delta t=30$，交易中心交易对应 $\Delta t=3$–15。因此，在合同内交易模式下，储气库注采能力价值较低；当交易周期转换为交易中心模式时，储气库注采能力价值能够提升至接近于完全市场化的水平。

4.5.4 波动幅值影响

为生成不同波动幅值的价格曲线，采用与前节相同的价格模式，其中，k 取值恒为 0.05，σ 取值从 0.02 增大至 0.08。不同 σ 取值生成的价格曲线如图 4-12 所示，随着 σ 的增大，价格曲线的波动范围增大，波动幅值也增大，同时，曲线的波动形态保持不变，波动幅值是唯一的变量。

不同波动系数价格曲线得出的储气库价值与注采能力关系如图 4-13 所示。可以看出，对于所有 σ，随着注入能力的增加，储气库价值均呈增大趋势。在低注采能力下，不同波动幅值的储气库价值比较接近，随着注采能力的增加，不同波动幅值的储气库价值呈现更大的差异。随着 σ 的增大，储气库价值随注入能力的增大速率明显加快。这说明价格曲线的波动幅值越大，注采能力的价值越高。

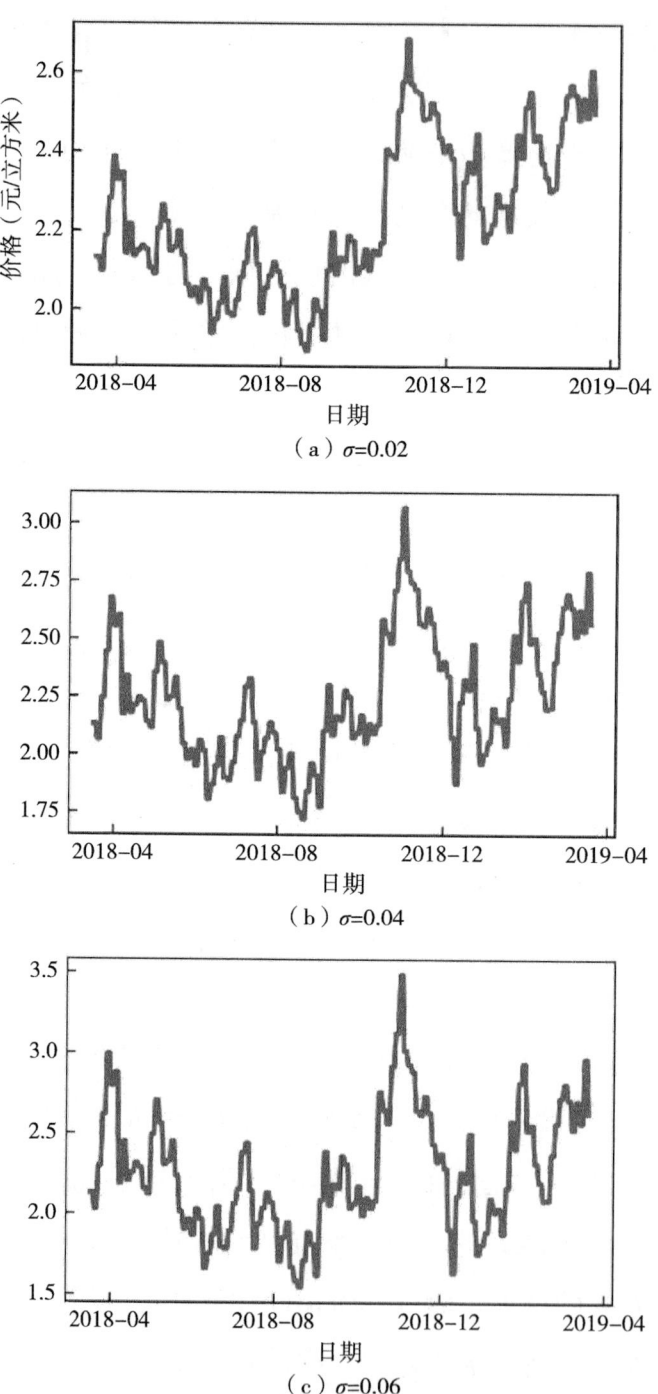

(a) $\sigma=0.02$

(b) $\sigma=0.04$

(c) $\sigma=0.06$

图 4-12 不同波动性的估值价格曲线

4 储气服务产品财务价值评估理论

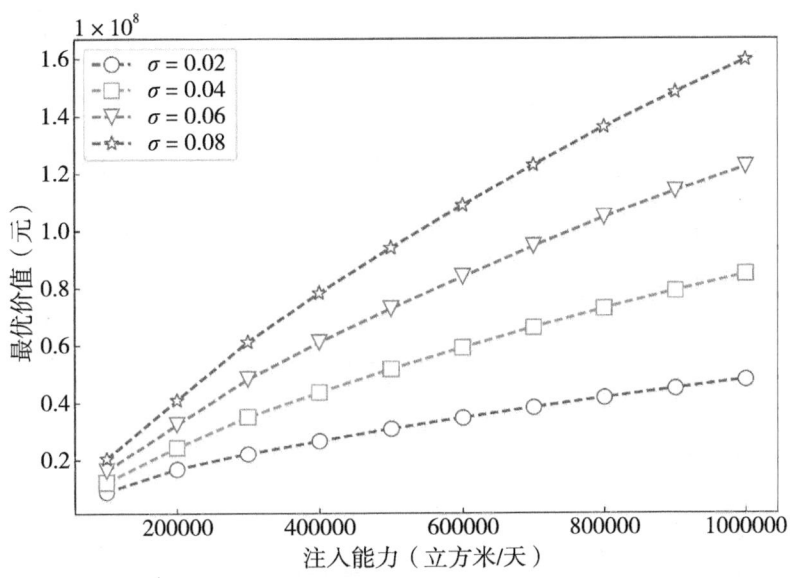

图 4-13　不同波动系数下储气库价值与注采能力关系曲线

注采能力对储气库价值的影响程度变化原因可以用相应的优化工作气量路径来解释。不同注采能力下不同波动幅值对应的优化工作气量路径曲线如图 4-14 所示。可以看出，在低注采能力下（十万立方米/日），储气库库容的使用率较低，最大工作气量不超过两千万方；此时储气库只能捕捉价格的全年的整体趋势，在较长时间范围内进行低买高卖。在高注采能力下（一百万立方米/日），储气库库容使用率较高，三千万立方米的库容得到了充分利用；储气库优化工作气量路径呈现更多的短线波动，用于捕捉短期的价格波动，实现更多的套利。对于相同注采能力情况，不同波动幅值下优化路径基本一致，这是由于价格波动形态没有发生变化，对应的优化路径也一致。在高波动幅值下，单次路径波动能够实现的套利价值更大，所以整体能够实现的价值远高于低波动幅值的情况。

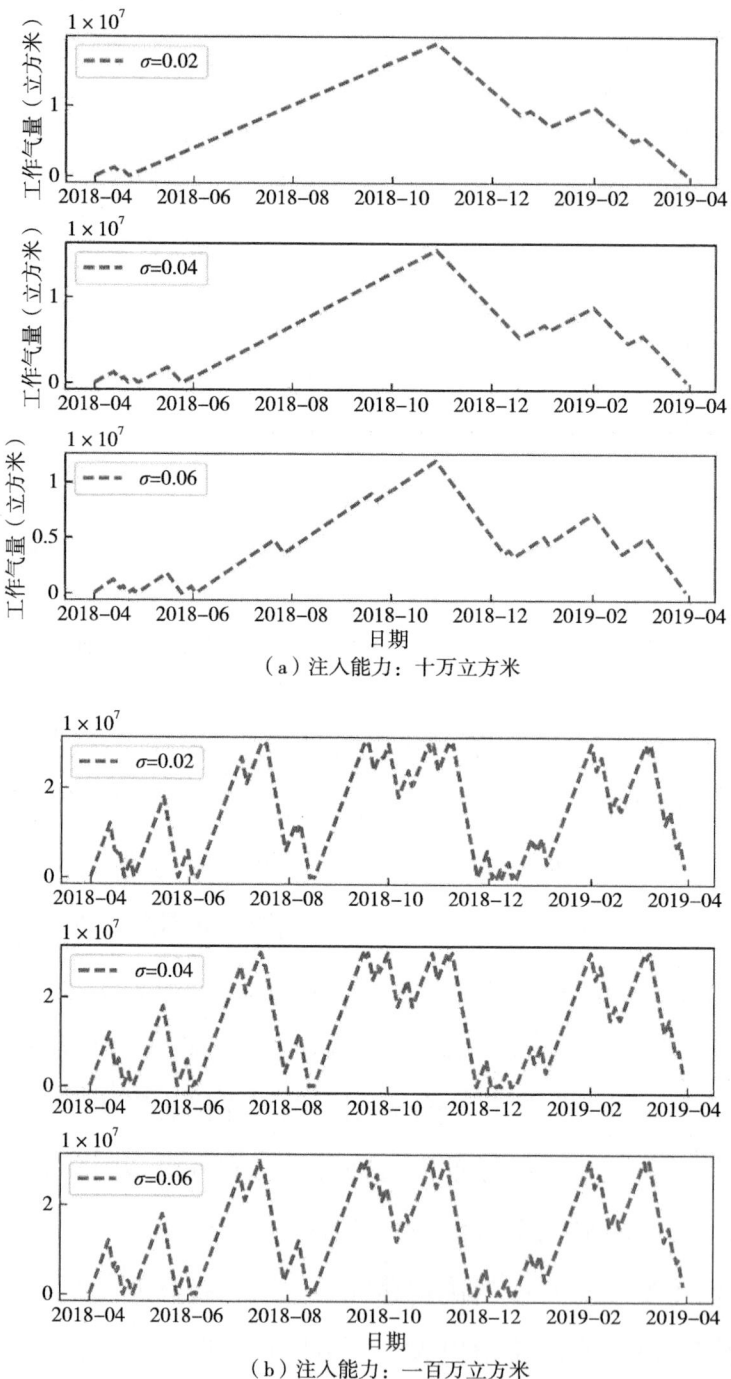

(a)注入能力：十万立方米

(b)注入能力：一百万立方米

图 4-14　不同波动性在不同注采能力下优化路径

随着天然气市场化改革的推进，天然气价格的管制逐渐放开，天然气价格会在未来呈现更大的波动幅值。价格波动幅值增大，储气库注采能力的价值也会快速增加。这也解释了在欧美高度市场化的天然气市场下，储气库服务商对注采能力有着更高程度的重视。

4.5.5 储气库投资启示

通过以上分析，我们认识到随着天然气市场化程度的增加（交易周期变短，价格波动幅值增大），储气库注采能力的价值会显著增加。由于中国的天然气市场化改革正在进行中，现阶段规划的储气库投入运行时，天然气价格模式很大概率与目前不同。结合这些认识，现阶段储气库的投资应该注意以下两点：

（1）进行经济性评价时，不应局限于目前的天然气价格模式进行测算。随着市场化改革推进，天然气价格市场化程度增加，储气库盈利价值会有所增加。

（2）提升对注采能力的重视程度，在工程限制范围内，尽可能增大注采能力的投资。随着天然气市场化程度增加，较大的注采能力能够让储气库实现更大的价值。

本章小结

本章基于欧美与中国天然气价格模式的差异分析，对储气库的财务价值评估模型方法进行探讨，并建立了适用低市场化程度的价值评估模型。提出适用于改革进程中的储气库价值评估思路，用于改革中储气库财务价值的追踪，得出以下结论。

（1）欧美高市场化程度价格模式具有高波动性与高流动性特征，而中国现存两种价格模式则呈低波动性与低流动性特征，由于天然气交易价格模式和交易模式的差异，欧美已有的价值评估模型无法适用于改革中的中国储气库价值评估。

（2）考虑中国价格模式现有特征及未来变化，建立历史价格模型用于低市场化程度下的储气库价值评估，使用最小二乘蒙特卡洛模型作为价格模式市场化程度较高时的评估方法。

（3）历史价格模型的主要特点为：针对单一历史价格曲线进行计算，同时适用于变化的交易周期。价格模式市场化程度越低，历史价格模型评估结果越可靠。

（4）历史价格模型能够适用于中国现有价格模式的储气库价值评估，可捕捉价格的高点与低点的最优工作气量路径，并计算相应现金流。

（5）使用改革节点前后的天然气历史价格曲线对储气库进行价值评估，能够有效追踪储气库在改革进程中财务价值的变化。

（6）在未来的天然气市场化进程中，注采能力的价值会随着改革的深入逐渐凸显。现阶段进行储气库规划时，应该考虑天然气价格的市场化改革，加大对注采能力的重视程度。

5　储气服务产品价格浮动机制理论

引言

在第 2 章中，讨论了不同的定价方法在不同的天然气市场发展阶段的适用性。基于第 2 章研究结果，本章选取服务成本法计算储气服务产品的基础价格，并结合不同产品的财务价值建立储气服务产品的价格浮动机制理论。

选取服务成本法计算基础价格主要出于两方面的考虑：首先，服务成本法是适用于中国天然气市场发展阶段的定价方法，通过两部制收费，能够克服成本加成法在目前阶段存在的显著缺陷。其次，由于储气服务的提供关乎国家能源安全，基于服务成本法计算得到的价格，更容易得到政府的认可。

随着储气服务市场的发展，储气需求会变得更为多样化，储气服务提供的产品也会变得更为细分。根据不同需求的差异，提供储气服务会对储气库运行产生不同的要求，储气库的调配难度也会随之发生变化。根据提供服务的具体差异，建立储气服务产品的价格浮动机制具有重要意义。通过储气服务价格的差异化管理，储气库运营方能够优化资源配置，控制调配难度。同时，通过对具有更高价值产品收取合理的溢价，储气库运营方的收益也会得到提高。

显然，储气服务的价格浮动机制仅仅适用于面向社会开放的储气库，并且需要足够旺盛的储气需求作为支撑。只有当储气需求主体多元，储气服务市场活跃时，价格浮动机制才具有运作的条件。对于仅服务于特定企业，或是仅服务于股东方的储气库，储气服务价格浮动机制就失去了存在价值。

本章建立了在不同天然气市场化程度发展阶段的储气服务产品价格浮动机制。储气服务产品的价格浮动主要受两方面的影响：财务价值和调配难度。在天然气市场化程度较高的情况下，随着产品财务价值的增加，调配难度会显著增大。但在天然气市场化程度较低的情况下，产品调配难度增加也并不会导致财务价值的显著增加。因此，在天然气市场程度低的情况下，应该根据产品的调配难度设计价格浮动机制；在天然气市场化程度高的情况下，应该根据产品的财务价值设计价格浮动机制，见表5-1。

表5-1 不同天然气市场发展阶段适用的价格浮动机制

天然气市场化程度	天然气价格特征	价格机制基础	价格浮动机制
管制阶段	价格受政府管控，由门站价和上浮比例决定	调配难度	基于调配难度的价格浮动机制
过渡阶段	价格由供需决定，上下限受政府管控，市场流动性低，价格波动性低	调配难度+财务价值	基于调配难度向基于价值评估的价格浮动机制过渡转换
市场化阶段	价格由供需决定，上下限受政府管控，市场流动性高，价格波动性高	财务价值	基于价值评估的价格浮动机制

5 储气服务产品价格浮动机制理论

5.1 服务成本法定价计算基础费率

5.1.1 定价算法

储气服务成本法定价方法如图 5-1 所示。

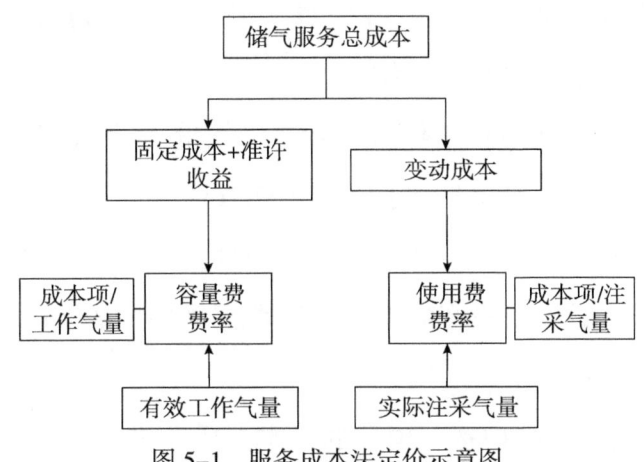

图 5-1 服务成本法定价示意图

5.1.1.1 储气服务总成本

储气服务总成本是准许成本和准许收益的总和。准许成本包括固定成本和变动成本，主要由固定运行维护费、可变运行维护费、折旧摊销支出、投资收益、所得税及其他纳税支出组成；准许收益取决于准许收益率，一般取 8%。

$$储气服务总成本 = 准许成本（固定成本 + 可变成本）+ 准许收益 \\ （有效资产 \times 准许收益率） \quad (5-1)$$

5.1.1.2 容量费

容量费用于回收固定运行维护费、折旧摊销支出、投资收益、所得税及其他纳税支出等固定性成本。容量费根据储气库工作占用量按月收取，容量费费率写作：

每月容量费 =（储气库工作气容量 /12）× 容量费费率　　　（5-2）

容量费费率 =（固定运行维护费 + 折旧摊销支出 + 投资收益 + 所得税支出 + 其他纳税支出）/ 储气库工作气容量　　　（5-3）

5.1.1.3　用量费

用量费用于回收可变运行维护费。用量费按照每月份工作气实际注采气量收取，用量费费率写作：

每月用量费 = 每月份工作气实际注采气量 × 用量费费率　　　（5-4）

用量费费率 = 可变运行维护费 / 工作气注采气量　　　（5-5）

工作气注采气量，对于新投产的储气库取可行性研究报告在整个经营期的平均水平，对于已投产的储气库取数据采集期的实际平均水平。

5.1.1.4　主要参数

（1）"固定运行维护费"项目的成本性质及确定方式：

① 固定性运行维护费用包括为储气业务而发生的井下作业费、测井试井费、监测费、维护修理费、职工薪酬、厂矿管理费、公司管理费等。

② 井下作业费、测井试井费、监测费，对于新投产的储气库取可行性研究报告在整个经营期的平均水平，对于已投产的储气库，取数据采集期的实际平均水平。

③ 维护修理费按照相关企业储气库业务的地面工程固定资产原值（扣除建设期利息）乘以维护修理费标准计算确定。

④ 职工薪酬、厂矿管理费、公司管理费按照相关企业从事储气库业务的职工人数乘以职工薪酬标准、厂矿管理费标准、公司管理费标准计算确定。

（2）"可变运行维护费"项目的成本性质及确定方式：

① 用于回收相关企业储气库业务的可变性运行维护费用，包括为储气业务而发生的材料费、燃料费、动力费、安全生产费用、工作气损耗等。

② 材料费、燃料费、动力费，对于新投产的储气库取可行性研究报告在整个经营期的平均水平；对于已投产的储气库取数据采集期的实际平均水平。

③ 安全生产费用，对于新投产的储气库取可行性研究报告在整个经营期的平均水平；对于已投产的储气库按照数据采集期的注采气量乘以安全生产费用标准计算确定。

④ 工作气损耗，对于新投产的储气库取可行性研究报告在整个经营期的平均水平；对于已投产的储气库取数据采集期的实际平均水平。如果储气库中的工作气属于天然气销售分公司，不计算工作气损耗。

（3）"折旧摊销支出"项目的成本性质及确定方式：

① 用于回收相关企业储气库业务的固定资产和无形资产折旧摊销支出。

② 对于新投产的储气库取可行性研究报告在整个经营期的平均水平；对于已投产的储气库取数据采集期的实际平均水平。如储气库资产的折旧年限低于30年，核定价格时按30年的折旧年限计算折旧支出。

③ 折旧摊销支出应进一步区分为由国家财政出资和企业出资形成的固定资产和无形资产的折旧摊销支出。

（4）"投资收益"项目的成本性质及确定方式：

① 用于回收相关企业储气库业务的投资收益。

② 投资收益按照如下方式确定：

投资收益 = 有效资产 × 准许收益率　　　　　（5-6）

③ 有效资产由固定资产净值、无形资产净值和营运资本构成。

固定资产和无形资产净值，对于新投产的储气库，取投产时的固定资产和无形资产原值，对于已投产的储气库，取数据采集期的期末数。

营运资本为流动资金投入，对于新投产的储气库取可行性研究报告数，对于已投产的储气库取数据采集期运营维护费的20%。

固定资产净值、无形资产净值和营运资本均应进一步区分为由国家财政出资和企业出资形成的固定资产净值、无形资产净值和营运资本。

④ 由国家财政出资形成的有效资产，准许收益率暂定为零；由企业出资形成的有效资产，准许收益率暂定为8%。

（5）"所得税支出"项目的成本性质及确定方式：

① 用于回收相关企业储气库业务的所得税支出。

② 所得税支出按如下方式确定：

所得税支出 = 投资收益 ×（1- 资产负债率）×

所得税税率 /（1- 所得税税率）　　　　　（5-7）

由国家财政出资建设的储气库，资产负债率统一按零考虑；由企业出资建设的储气库，取持有储气库资产的法人企业在数据采集期期末的资产负债率。

所得税税率取经营储气库业务的相关企业所适用的所得税税率。

（6）"其他纳税支出"项目的成本性质及确定方式：

① 用于回收相关企业储气库业务的城建税、教育费附加等其他纳税支出。

② 城建税、教育费附加等，对于新投产的储气库取可行性研究报告在整个经营期的平均水平；对于已投产的储气库取数据采集期的实际平均水平。

5.1.2 定价步骤

储气服务收费价格方法包括3个步骤：

（1）确定储气的服务总成本。包括确定准许成本和准许收益，准许成本包括固定成本和变动成本两部分，准许收益为有效资产与准许收益率的乘积。

（2）确定成本分配。将固定成本分配给容量部分；可变成本分配给注入和采出部分。通过成本进行分类、分配，储气库的储气容量分得容量成本，注气和采出量得到分配给注入或采出功能的可变成本。

（3）形成储气收费基础费率。

$$基础储气费率 = 容量费率 + 用量费率 \tag{5-8}$$

5.2 基于调配难度的产品价格浮动机制

在天然气市场处于管制市场的阶段，如果储气库以提供储气服务的形式运营，仅仅推荐采用注采季产品的单一产品进行出售。此时，第5.1节中的服务成本法算得的价格作为注采季产品的基准价格，而在管制阶段的价格根据供需进行如何浮动则在本节进行论述。

在市场化较高的环境下，多样化的产品有助于储气产品财务价值的提升。但在管制阶段，天然气价格受控，不同自由度的产品能够实现的财务价值差异不大，此时基于财务价值考虑产品溢价，在实际情况下难以操作。而仅仅提供单一的注采季产品则足以满足大部分的需求，同时为储气库以核定收益率回收成本。

此时单一的产品存在一个问题，虽然注采季产品允许储气库运营方对用户的注入和采出时间在整个注采季尺度上自由分配。但在实际操作中，必然存在在某些时间段上用户提取需求旺盛的情况出现。当多个用户要求在短期内密集提取天然气，采气量超出储气库采气能力，则会造成储气库的调配困难。此时便应该通过价格浮动调节需求，当用户提取需求大，储气库调配困难时，则通过价格上浮来减少需求。注采季产品本身并不允许用户规定采气时间，此时储气库满足用户需求，在特定时间提取，可以被视为是注采季产品的一种增值服务。

具体到产品价格上，则是根据调配难度调整注采季产品的浮动价格。注采季产品的费用组成为

$$注采季产品价格 = 固定容量费率（高）+ 用量费率 \quad (5-9)$$

$$固定容量费率（高）= 基础容量费率 + 浮动容量费率 \quad (5-10)$$

其中，基础容量费率由服务成本法决定，而浮动容量费率则由用户在采气期的供需关系决定。在采气期用户需求量较大的时间段，储气库运营方调配难度大，浮动容量费率则上浮；在采气期用户需求量较小的时间段，储气库运营方调配难度低，则浮动容量费率下降，写作：

$$浮动容量费率 = 溢价系数 \times 基础容量费率 \quad (5-11)$$

$$溢价系数 = （月度采气总需求 / 月度采气能力 -1）\times 0.5 \quad (5-12)$$

本质上，基于调配难度的产品价格机制是在天然气市场化程度较低时，不同自由度产品财务价值难以区分，选择单一自由度产品的情况下，用户为单一产品（注采季产品本身并没有采气时间的选择）实现更高自由度所支付的额外费用。这是在管制阶段的特殊条件下，单一产品满足用户更高自由度需求的一种表现形式。

基于调配难度的产品价格机制的优势在于其操作简单、用户较容

易接受，在管制阶段、储气服务市场的初期，有助于储气服务产品的推行，并通过价格浮动调整注采能力的供需情况。其劣势在于，这种方案只能在短期内地解决不同注采自由度的区分，面对更为多样化的储气服务需求，则会在运行上面临困难。

因此，基于调配难度的产品价格机制仅仅适用于天然气市场的管制阶段或是过渡阶段的初期，储气服务市场处于推广阶段的时期。

5.3 调配难度和价值评估结合的产品价格浮动机制

在天然气市场处于向市场化过渡的阶段，当储气库以提供储气服务的形式运营时，推荐采用注采季产品和月前产品的产品组合进行出售。此时的天然气价格具有一定的波动性，足够展示注采季产品和月前产品的财务价值差异，但对于更高自由度的产品，由于市场的波动性和流动性限制，其财务价值则难以得到呈现。对于注采季和月前产品，则通过财务价值的差异调整二者的价格差。对于比月前产品更高自由度的需求，则基于调配难度设置价格浮动机制。因此，在过渡阶段，应采用调配难度和价值评估结合的产品价格浮动机制。

注采季和月前产品的价格差异通过两种产品在当前市场下的价值评估结果确定，注采季产品的价格采用服务成本法计算得到的基准价格，写作 P_s。月前产品的价格根据财务价值提升比例进行上浮，写作：

$$P_m = k_m P_s \frac{U_m}{U_i} \quad (5-13)$$

其中，P_m 为月前产品的基准价格，k_m 为月前产品的折价系数，U_m 为月前产品财务价值，U_i 为产品的内在价值（即注采季产品的财务价值）。

月前产品还需根据调配难度调整其浮动价格，即针对更高自由度

的需求进行额外收费。月前产品的费用组成为

$$月前产品价格 = 固定容量费率（高）+ 用量费率 \quad (5-14)$$

$$固定容量费率（高）= 基础容量费率 + 浮动容量费率 \quad (5-15)$$

其中，基础容量费率由服务成本法决定，而浮动容量费率则由用户在采气期的供需关系决定。在采气期用户需求量较大的时间段，储气库运营方调配难度大，浮动容量费率则上浮；在采气期用户需求量较小的时间段，储气库运营方调配难度低，则浮动容量费率下降，写作：

$$浮动容量费率 = 基础容量费率 \times 溢价系数 \quad (5-16)$$

$$溢价系数 = （周度采气总需求 / 周度采气能力 -1）\times 0.5 \quad (5-17)$$

调配难度和价值评估相结合的定价机制适用于过渡阶段。市场应具有一定波动性，足以造成已有产品财务价值的差异，但市场发展并不足够充分，更高自由度产品的财务价值呈现仍然存在问题。事实上，产品组合也可随市场化程度的增加而进一步增加，更高自由度需求则仍由调配难度调控价格。当市场发展到足够的程度，则转为采用完全由价值评估决定的产品价格浮动机制。

5.4 基于价值评估的产品价格浮动机制

当天然气市场化程度足够高时，则应当采用多样化的产品组合，尽可能地充分利用储气库储气资源，以实现更高的效益。此时价格不再考虑调配难度，价格由产品财务价值决定上浮比例，不同自由度产品的价格体现自身的财务价值水平。调配难度本身就隐含在产品自由度中，由财务价值配置注采能力的分配。

不同自由度储气产品溢价率体现在容量费上。容量费的基础费率通过服务成本法核算，由储气库年化成本及有效成本允许收益率构成，

写作 P_s。

注采季产品在便于工作气量调配的同时，能够充分利用储气能力，并且体现储气产品的内在价值，将基础容量费率 P_s 作为注采季产品的价格具有合理性。其他自由度产品则在注采季产品价格基础上进行折价或溢价。

时段产品和可中断产品的价格写作：

$$P_t = k_t P_s \tag{5-18}$$

$$P_i = k_i P_s \tag{5-19}$$

其中，P_t 和 P_i 分别为时段产品和可中断产品的价格，k_t 和 k_i 分别为两种产品的折价系数。

月前、周前、日前产品相比注采季产品具有更高的财务价值，其价格应根据财务价值的提升幅度确定，写作：

$$P_m = k_m P_s \frac{U_m}{U_i} \tag{5-20}$$

$$P_w = k_w P_s \frac{U_w}{U_i} \tag{5-21}$$

$$P_d = k_d P_s \frac{U_d}{U_i} \tag{5-22}$$

其中，P_m、P_w、P_d 分别为月前、周前、日前产品的价格，k_m、k_w、k_d 分别为3种产品的折价系数，U_m、U_w、U_d 为产品各自的财务价值，U_i 为注采季产品的价值。储气产品的财务价值由内在价值和外在价值构成，内在价值体现天然气季节价差带来的收益，外在价值体现中短期价格波动带来的收益。U_m、U_w、U_d、U_i 的值由储气服务价值评估模型确定，关于现有价值评估模型的更多信息，可参考 De Jong。

通常情况下，储气产品自由度越高，产品越能够捕捉短期的价格波动，其具有的财务价值越高。而随着天然气市场化程度的增加，天然气价格时效性越强，高自由度产品相对低自由度产品的溢价能力越强。

折价系数是一个反应储气产品在出售过程中实时供需关系的参数。在第3章中，研究指出产品应预判客户需求，设置相应的产品比例。但比例的预判可能与现实情况产生差异，在实际需求与预测吻合时，则产品折价系数为1。在产品供应过量的情况下，例如，周前产品发生供过于求的状况，则应该降低周前产品的折价系数。通过折价系数的调整，在实际储气服务销售过程中实现尽可能多的出售，避免储气资源的闲置，并提升储气库效益。

本章小结

本章提出了在不同天然气市场发展阶段下，储气服务产品适用的价格浮动机制理论，具体结论如下：

（1）运用服务成本法计算储气服务的基准价格，分为容量费和用量费，其中，容量费随不同产品调配难度、财务价值等因素发生变化，用量费则仅由运行成本决定。

（2）在管制阶段，应基于调配难度进行产品价格的浮动。

（3）在过渡阶段，由调配难度和价值评估相结合进行产品价格的浮动。

（4）在市场化阶段，应基于价值评估结果决定不同自由度产品价格的浮动。

6　四川盆地储气库商业化运营实践探索

引言

前面的研究从定价机制、产品模式、价值评估、价格浮动机制等方面，结合中国天然气产业发展实际，建立了一套储气服务在天然气市场化改革背景下运作方式的理论体系，给出不同天然气市场发展阶段储气服务的适用模式。本章主要讨论储气服务运作方式理论体系在四川盆地储气库群实际情况下的具体应用。

目前四川盆地建成或在建的储气库共有5个，包括相国寺储气库、黄草峡储气库、铜锣峡储气库、牟家坪储气库、老翁场储气库。对黄草峡、铜锣峡储气库，西南地区已成立合资公司（重庆储运公司），以股东控股的方式进行运营管理。而对于相国寺储气库，也由中国石油与国家管网共同成立合资公司，负责其运营管理。因此，以合资控股的形式，通过独立的合资公司运营四川盆地的储气库，将会成为未来的主流。

另外，四川盆地作为中国主要的天然气生产基地，在中国天然气市场化改革进程中将扮演重要的角色。目前，重庆石油天然气交易中心已挂牌成立，将成为四川盆地天然气市场化改革推进的一个重要平台。可以预期在不久的未来，四川盆地天然气市场化程度将会得到显著提升。

本章考虑西南地区天然气产业与储气库发展的实际情况，结合目前发展现状并研判未来发展形势，讨论储气库独立运营理论体系在西南地区如何具体应用。以已经成立的储气库平台公司——重庆储运公司为样本，研究储气库运营在近期以及中长期发展中涉及的运营模式、产品模式、价格机制等方面的问题，并结合实际给出相关建议。本章内容是理论研究如何落地的具体展示。

本书建立了在不同天然气市场发展阶段储气库运营定价问题的理论体系，但在实证研究中，则面临着当前市场发展实际情况的问题。具体来说，2021年西南地区天然气市场处于从管制阶段向市场化阶段过渡的初期，能够进行的实践受到时代背景的局限。对于市场化程度更高的未来情景，只能进行趋势的预判，而缺乏实际数据进行理论的落地研究。因此，本章的实证研究主要聚焦于当前过渡阶段初期背景下，短期内重庆储运公司可以采用的运营、产品、价格方案。对于中长期市场化程度进一步提升的阶段，则仅根据研究理论进行相对简单的论述。

6.1 西南地区储气库发展及运营现状

6.1.1 已建储气库

6.1.1.1 相国寺储气库

西南地区首座储气库——相国寺储气库位于重庆市北碚区，由中国石油西南地区公司建设，2013年建成投产，该库连通西气东输、中缅两大能源"主动脉"，功能定位为中卫—贵阳联络线事故应急、川渝地区季节调峰、战略储备，最高日调峰气量可满足全国 5000 万人的居民生活用气，是中国注采能力最大、日调峰采气量最高的储气库。

截至 2020 年 12 月 31 日，相国寺储气库已完成"八注七采"，历年累计注气超过 100 亿立方米，累计采气近 76 亿立方米。

6.1.1.2 铜锣峡、黄草峡储气库

铜锣峡、黄草峡储气库是西南地区规划建设的储气库，建成后具备给周边地区供气能力，补充中国石油的天然气调峰供应缺口，确保用气安全。

铜锣峡气田位于重庆市渝北区境内石船—统景一带，距渝北区两路镇约 20 千米。功能定位为川渝地区季节调峰和事故应急。黄草峡气田位于重庆长寿、涪陵两县境内，改建储气库功能定位为川渝地区季节调峰和事故应急。

6.1.2 运营现状

截至 2022 年，在相国寺储气库的建设与运行过程中，中国石油负责其全部工作气量的调配与收费，并且工作气量并未向第三方开放。相国寺储气库的工作气量服从集团公司的统一调度，大部分气量在采暖季被调往北方，用于满足北方的调峰需求。因此，相国寺储气库尚未独立运营，其运行调配更多出于社会责任的考虑，商业化因素较小。国家管网已收购相国寺储气库部分股份，与中国石油成立合资公司，负责相国寺储气库的独立运营。

黄草峡、铜锣峡储气库处于建设初期，在 2021 年形成少量工作气量。"两峡"储气库由重庆储运公司独立运营，是储气库商业化运作的重要尝试。在 2021 年 3 月，重庆储运公司以重庆石油天然气交易中心为平台，在中国首次以容量出售的形式售出了部分储气容量，成为

中国储气库运营转向独立运营，提供储气服务、两部制收费的里程碑事件。

6.1.3 实践对象

通过以上分析可以判断，在未来，西南地区的储气库运营的主要形式将以合资公司的形式进行。作为提供储气服务的主体，合资公司是本书研究的主要应用对象。因此，在本章的实证研究中，也选择合资公司作为研究对象。重庆储运公司是四川盆地成立的首家储气库运营合资公司，处于发展初期，存在大量运营与管理上的问题。选择重庆储运公司实现本书理论，具有较强的示范效应。

6.2 合资公司运营及产品模式实践

6.2.1 天然气市场发展阶段分析

2020年发布的《中央定价目录》取消了门站价，放开了对天然气价格的限制。目前，西南地区的天然气价格仍然主要参照门站价执行。对于合同内交易的天然气量，天然气价格存在上浮的上限。对于合同外交易的天然气量，则不对价格作限制，价格由市场供需情况决定。合同外交易的天然气主要分为两种交易渠道，即线上交易和线下交易。线上交易部分目前主要在重庆石油天然气交易中心进行。

可以判断，目前四川盆地的天然气市场处于管制市场向市场化市场过渡的初期，对天然气价格的管制初步得到放开。

未来随着天然气市场化改革在四川盆地的深入，合同内交易的天然气比例可能会呈现下降趋势，同时合同外在交易中心交易的天然气比例会增加。四川盆地天然气市场化条件的成熟会增加第三方对储气服务的需求，为第三方使用储气服务时买卖天然气提供足够的流动性保障。

四川盆地的储气库在相应的天然气市场环境下运行，在目前阶段主要面临两方面的问题：目前储气服务市场处于从无到有的发展阶段，储气库运营需要引导客户逐渐接受储气服务这一新生事物；天然气市场化改革正在进行中，储气服务的财务价值会随之发生显著变化，这会导致储气服务的供需关系发生相应变化，在这个过程中，储气服务的产品组合、产品价格以及运营方式等方面都需要进行相应调整。

6.2.2 重庆天然气储运有限公司简介

为了贯彻落实党和国家加强天然气应急储备工作要求，加快推进重庆天然气地下储气设施及支线管道项目建设，促进储运业务运营管理体制机制转变，有效改善重庆市储气设施不足、冬季供气保障能力较弱等问题，2018年，中国石油西南油气田分公司、重庆燃气集团股份有限公司、重庆化医控股公司、华润燃气投资（中国）有限公司、北京市燃气集团有限责任公司、重庆凯源石油天然气有限责任公司6家公司合资组建重庆储运公司。公司的成立对储气库业务运营管理体制改革意义重大，为储气服务市场化运营提供了重要契机。

公司主要负责重庆地区天然气支线管道及地下储气设施建设、运营。首期将中国石油在铜锣峡、黄草峡储气库相关资产及前期投入纳入合资合作范围。

重庆储运公司投资建设运营管理天然气储气设施、天然气储运设施，主要通过为天然气气源单位、贸易商、用户提供天然气储运服务，建设运营支线天然气管道，收取储气费、管输费及相关业务委托服务费获得收益。各股东方享有按股权比例对应的重庆储运公司储气能力指标。

6.2.3 近期运营及产品模式

6.2.3.1 运营模式推荐

在市场化改革的背景下,代储代管模式是储气库公司未来运营的发展方向。但在短期内,储气库业务的市场化尚处于起步阶段,由于产业环境和用户接受度等因素的限制,代储代管模式的推行尚存在一定的困难。因此,推荐两种方案在近期内可解决代储代管模式所面临的问题。

(1)方案1:代储代管与自储自销结合。

在近期,建议重庆储运公司采用代储代管和自储自销并行的模式进行储气库的运营。短期内代储代管模式的用户接受度较低,采用代储代管模式的工作气量比例可根据用户需求调整。同时,代储代管模式运营储气库初期,可适当降低服务费率,给出一定优惠以培养用户习惯。代储代管模式出售后剩余的工作气量,可以自储自销模式进行运营,由公司自行套取天然气季节价差。

在远期,随着用户接受度增加,重庆储运公司可逐渐增加代储代管模式出售工作气量比例,降低重庆储运公司现金流风险,推进储气服务市场的规范化。

(2)方案2:代储代管与股东认购。

通过由股东在前期承担部分风险的方式,完成重庆储运公司向商业化运营的过渡。

① 政府按照约定享有1.1亿立方米工作气量的储气能力。

② 剩余储气能力优先出售给重庆储运公司股东,股东认购工作气量比例的上限为各自的股比。出售给股东的储气能力价格按照最低投资回报率进行核定,作为储气能力的基准价。在近期,建议股东完全

认购各自股比的工作气量比例，以实现储气能力的完全出售。

③ 股东未认购的储气库剩余工作气量，由重庆储运公司通过重庆石油天然气交易中心线上交易销售。

④ 用户认购储气能力时，支付容量费与用量费。容量费为储气能力的预订费用，只要用户购买储气能力，无论是否使用都需要支付容量费。用量费为注采能力的用量费用，只在用户实际注采气量时发生。

⑤ 股东认购的储气能力，可由股东方自己使用，也可由股东在储气服务二级市场进行交易。

在该模式下，储气库的工作气量全部以代储代管模式出售，代储代管模式所带来的接受度风险由股东承担，在运营前期由股东认购全部工作气量。股东在二级市场出售自身所需以外的工作气量，以推广储气产品模式，逐渐增加第三方用户的接受度。在第三方用户需求增加到一定程度后，再开放储气产品向第三方的销售。

市场范围：在优先满足川渝地区的调峰需求后，根据西南储气中心的布局规划，铜锣峡、黄草峡储气库的市场范围主要是中南地区及周边省份，可以通过忠武线销往湖南、湖北，或通过中贵线销往贵州，缓解冬季资源供应紧张的局面。特别是在以后新的西气东输管道建立后，将通过中南地区进入国家管网公司的大管网，参与全国调峰，销往价格承受能力更强的市场区域。

（3）方案对比与推荐。

代储代管模式具有风险小、收益稳定等特征，并有助于促进储气市场的稳定发展。因此，代储代管模式运营是重庆储运公司的发展方向。

短期内由于市场化程度、用户接受度等因素，储气库难以通过单一的代储代管模式运营。自储自销与股东认购是两种过渡阶段内的解决方式。

自储自销模式由重庆储运公司自由支配剩余的工作气量，通过天然气季节价差赚取效益，该模式所占据的工作气量比例可根据代储代管模式出售的工作气量灵活调整，更能充分反映储气市场的需求与变化。

股东认购模式能够在短期内解决代储代管模式出售问题，但其并不反映真实的市场需求情况。在实施过程中，股东的接受度也存在问题。

相比代储代管与股东认购模式结合的方案，代储代管与自储自销相结合的方式更有利于重庆储运公司的长期发展。

综上，在短期内推荐采用代储代管与自储自销相结合的方式运营重庆储运公司的储气库。

6.2.3.2　产品组合推荐

在代储代管模式下，重庆储运公司需要提供用户具体的储气服务产品。川渝地区天然气市场目前处于过渡阶段的初期，根据第3章关于产品组合的理论成果，应当推荐提供的产品模式为注采季产品和月前产品的组合。但考虑重庆储运公司面临的实际情况，这一产品组合并不完全符合需求，原因如下。

首先，目前川渝地区天然气市场尚处于过渡阶段的初期，用户使用储气库时所需要的市场环境、交接界面等方面尚未完全理顺，采用两种产品的组合增加了市场运作的难度。

其次，以提供储气服务的形式运营储气库在中国范围内尚处于初步的尝试，用户对储气服务的接受度较低。

再次，重庆储运公司运营的两个储气库尚处于建设初期，调配能力相对较差，难以满足多样产品的调配需求。

结合以上分析，在目前阶段，仅推荐重庆储运公司将注采季产品作为单一产品提供储气服务。在未来随着市场需求的变化，逐步提供更为多样化的产品组合。

6.2.4 中长期运营及产品模式

对于重庆储运公司在未来中长期的运营及产品模式，由于实际情景尚未发生，缺乏实际数据进行具体的实际研究。此处仅考虑川渝地区天然气市场的发展趋势判断，结合本书的理论体系，定性地判断重庆储运公司在未来的运营及产品模式需要发生的变化。

在运营模式方面，随着川渝地区天然气市场化改革的深入，代储代管模式下运营的工作气量份额将逐步增加，直至重庆储运公司运营的所有工作气量都以代储代管模式运营。这一判断符合第 2 章中关于运营模式的理论结果，其内涵的原因如下：相对自储自销模式，代储代管模式是一种财务上更加稳定的模式，有助于储气库财务价值的实现；而随着市场化改革深入，储气需求会呈增加趋势，代储代管模式能够出售的工作气量将能够完全覆盖重庆储运公司的所有工作气量，供需关系将会发生变化。

在产品模式方面，随着川渝地区市场化改革推进，会由运营初期单一的注采季产品，向更为多元化的产品转变。在市场化程度较高的情况下，将会形成从时段产品到周前产品的多种注采自由度结合的产品体系，用于满足多元化的需求，并提升储气库效益，这一论断符合第 3 章中关于产品体系的理论。由于重庆储运公司运营的储气库均为枯竭气藏储气库，受调配难度的影响，日前产品难以实现。

总体上，随着天然气市场化改革的进行，重庆储运公司的运营模式将向代储代管模式转变，提供的产品也会随着用户需求的多样，向着多元化的产品组合转变。在这个过程中，重庆储运公司的经济效益与盈利能力都会得到显著提升。

6.3 合资公司产品价格机制实践

6.3.1 近期产品价格机制

由于黄草峡、铜锣峡储气库尚未完成建设，正式投入运营，"两峡"储气库的价格测算数据应采用可研中的数据。对运营模式的研究表明，公司可行的运营模式包括自储自销和代储代管组合而成。在代储代管模式下，重庆储运公司存在对用户的收费模式和价格测算问题。而在自储自销模式下，公司的收益则取决于天然气价格波动。因此，需要研究的主要是代储代管模式下的收费模式、价格计算以及不同价格下储气库效益的测算。

在以容量出售的形式提供储气服务的模式下，注采季产品定价的价格包括容量费和用量费两个部分。其中，容量费用于回收建设投资成本和利润，而用量费则用于回收储气库的运行和运营相关成本。在"两峡"储气库运行的初期，可用的工作气量相对较少，储气库运转负荷低。在测算中，由于低负荷，测算的价格则会由于成本不变而相对更高。在价格的测算时，应考虑不同负荷、不同收益率的情况，对产品价格进行测算，以明确公司在各种价格方案下能够获取的收益。

结合储气库实际的运转负荷和工作气量，储运公司测算的价格偏高。但考虑当前市场情况，中国尚无储气产品交易的先例，储气产品的市场认可度、客户的接受能力仍处于较低的状态。因此，在实际销售过程中，应结合客户的接受能力，基于测算的价格进行协商，达成双方可以接受的价格。在进行一段时间的市场培养后，再适当调高价格，获取合理的资产收益率。

通过以上方法，可以测算"两峡"储气库单独、合并情景下，在不同内部收益率、不同容量出售比例的情况下的储气服务基准价格。之所以考虑不同容量出售比例，是因为现阶段"两峡"储气库尚在建设初期，能够提供的工作气量比例低，同时储气服务市场也在发展初期，工作气量难以全部以储气服务的形式出售。确定产品出售比例和内部收益率后，即可确定注采季产品的基准价格。

由本章对川渝天然气市场的分析，目前地区市场化程度处于过渡阶段的初期，储气服务市场初步开始推行。根据第3章研究成果，在这一阶段，储气服务应以单一的注采季产品形式进行出售。根据第5章研究成果，产品价格应基于调配难度进行上浮。

在采气期用户存在短期内集中采气需求的情况下，储气库则可根据期内采气需求量对容量费价格上浮，即收取用户提升产品自由度的增值服务费用。

基于本书所形成的储气产品定价理论，结合实际情况，测算了铜锣峡、黄草峡储气产品价格方案。测算的价格被直接用于重庆储运公司储气服务交易的定价。

所形成的储气产品价格方案，支撑了重庆储运公司完成中国首单储气库储气产品的挂牌交易，在2021年3月于重庆石油天然气交易中心的线上交易中完成了储气库储气服务产品的首次出售，成交储气库库容共2000万立方米。该方案有效实现了储气产品价值提升，得到了交易各方的认可和肯定。具体算法见本书第5.2节。

6.3.2 中长期产品价格机制

根据第 3 章研究成果可以判断，在中长期的未来阶段，随着川渝地区天然气市场化改革的深入，储气服务市场的需求会更加多元化，而不同自由度产品也更会呈现差异化的财务价值。产品组合会从当前阶段的单一产品向更为多样化的产品，储气库效益也会相应提升。

从第 5 章研究成果得出，在这个变化过程中，产品价格的浮动机制会从基于调配难度的浮动机制，转向随着产品类型增加综合考虑财务价值和调配难度的浮动机制，最后在市场化程度较高时，转为仅考虑财务价值的浮动机制。

在市场化程度较高的阶段，推荐重庆储运公司采用从时段产品到周前产品的多种自由度产品组合。相关产品价格算法详见本书第 5 章。在实际应用中，对不同储气产品的需求可能超出本书设计的几种产品的范畴。储气库运营方应紧跟市场需求变化，设计符合用户需求的不同自由度产品，以提升储气库的运营效益。

6.4 合资公司运营建议

本节结合书中理论及重庆储运公司运营模式及价格方案实践，给出其运营及价格实施过程中的相关建议。

6.4.1 采用代储代管与自储自销相结合的运营模式

短期内由于市场化程度、用户接受度等因素，储气库难以通过单一的代储代管模式运营，自储自销模式由重庆储运公司自由支配剩余的工作气量，通过天然气季节价差赚取效益，是过渡阶段内的重要解决方式。代储代管与自储自销相结合的方式更有利于重庆储运公司的长期发展。

6.4.2 实施"天然气销售+库容销售"混合业务模式

由于中国目前仍处于天然气市场化推进过程中,终端价格未实现完全市场化,为充分利用现有储气库业务销售价格不受限的政策,建议实施"天然气销售+库容销售"的混合业务模式。在库容销售方面,可借鉴欧美的产品模式,建议以"工作气量+注采气速率"为核心的绑定和非绑定库容产品,实现根据客户需求的灵活化定制。

6.4.3 探索多种业务方式赚取收益,利用市场化方式培养用户习惯

在近期,为了确保重庆储运公司不亏损,宜采取多种业务方式来增加收益。包括当工作气量相对过剩时,可考虑在盈亏平衡点以上的价格优惠销售;对于有容量考核需求的用户,当存在剩余工作气量,可开发相关针对性产品,双方协商定价。同时,积极推行市场化的方式培养用户消费习惯,包括区分长短期合同,对于长期合同用户给予一定优惠,库容优先卖给老用户;相对代储代管模式,自储自销模式应当执行更高的收益率,通过价格差异引导用户以预订储气容量的形式获取天然气供应保障。

6.4.4 争取储气调峰的政策支撑和保障,理顺储气调峰价格机制

重庆储运公司市场化运营模式和价格方案的实现,有赖于政策的支撑和保障,中国天然气市场正在向市场化方向迈进,但实现真正市场化还需要时间。现阶段中国要加大储气能力建设,还需要以政府为主导,重点在于理顺天然气价格机制,赋予储备设施开发竞争性,同时建立可落地的储气库定价机制,吸引更多的主体,培育储气库交易市场并建立交易机制。

6.4.5　持续细化储气库产品和服务，探索相关增值服务

根据用户实际需求，持续开发创新更多有针对性的储气库产品和服务，提升储气库资源价值。此外，除天然气销售和库容销售等主营业务外，合资公司还可以利用自身上下游和拥有的资产和数据优势提供如金融、管输预订、贸易撮合等增值服务，增强客户黏性，实现价值增值。

本章小结

本章基于储气服务产品价格理论体系，对西南地区储气库进行了实证研究，主要得出以下结论：

（1）川渝地区目前处于过渡阶段的初期，考虑到储气服务市场尚处于推行阶段，应采用理论中管制阶段或过渡阶段初期的推荐方案。

（2）未来川渝储气库运营将主要以平台公司形式进行，作为西南地区目前拥有的唯一储气库运营平台公司，重庆储运公司是实证研究的主要对象。

（3）推荐重庆储运公司在运营初期采用"代储代管 + 自储自销"的运营模式。

（4）推荐重庆储运公司在运营初期采用"注采季产品"作为单一的产品出售，并基于调配难度对产品进行溢价。

（5）在川渝地区市场化程度进一步发展后，重庆储运公司应根据发展阶段选择理论成果中更为市场化的运营模式、产品组合及价格模式。

7 结论及建议

7.1 主要结论

（1）随着储气库财务价值在中国的呈现，未来对储气库的关注将逐步由产业价值转向其财务价值。与管输分离而独立运营使得储气环节单独定价成为必然，同时储气环节定价机制要与本国天然气产业的发展情况相适应。

（2）根据天然气市场化程度的不同，将天然气市场的发展分为三个阶段：管制阶段、过渡阶段和市场化阶段，从而建立储气库运营、产品组合设置、产品定价等在不同阶段适用模式的理论体系。

（3）储气库运营和基本定价机制方面，不同市场阶段适用模式见表7-1。推荐在管制阶段采用成本加成法定价，在过渡阶段采用服务成本法定价，在市场化阶段采用服务成本法和基于财务价值的合理溢价进行定价。

（4）储气服务具有双重属性，即易逝资产属性与套利属性。基于这两种属性，针对储气产品财务价值的不同，对储气库产品进行细分与差别性定价，实行收益管理，是储气库商业化运营的基本思路。

表 7-1　不同天然气市场化程度下推荐储气库采用的运营及定价模式

天然气市场化程度	天然气价格特征	推荐运营模式	推荐定价机制
管制阶段	价格受政府管控，由门站价和上浮比例决定	管输捆绑	成本加成法
过渡阶段	价格由供需决定，上下限受政府管控，市场流动性低，价格波动性低	自储自销+代储代管	服务成本法
市场化阶段	价格由供需决定，上下限受政府管控，市场流动性高，价格波动性高	代储代管	基于服务成本的差异化定价法

（5）储气库产品组合方面，不同市场阶段适用模式见表 7-2。在天然气市场化程度较高的情况下，综合考虑商业效益与调配难度，应当采用尽可能多样化的产品；天然气市场化程度较低的阶段，考虑用户需求和调配难度，则应该采用相对简单的产品。

表 7-2　不同天然气市场化程度下适用产品组合及特征

天然气市场化程度	天然气价格特征	产品组合	盈利能力	调配难度
管制阶段	价格受政府管控，由门站价和上浮比例决定	注采季产品	低	低
过渡阶段	价格由供需决定，上下限受政府管控，市场流动性低，价格波动性低	注采季产品、月度产品等	中	中
市场化阶段	价格由供需决定，上下限受政府管控，市场流动性高，价格波动性高	多样化产品	高	高

（6）在价值评估模型方面，提出了历史价格法用于评估市场化改革进程中储气服务的财务价值，不同市场化程度适用的价值评估模型见表 7-3。建立历史价格模型用于市场化改革中的储气服务价值评估，使用最小二乘蒙特卡洛模型作为市场化程度提高后的评估方法。

表 7-3　不同天然气市场化程度下适用的价值评估模型

天然气市场化程度	天然气价格特征	价值评估方法	评估依据
管制阶段	价格受政府管控，由门站价和上浮比例决定	无价值评估需求	无
过渡阶段	价格由供需决定，上下限受政府管控，市场流动性低，价格波动性低	历史价格法	近几年历史价格数据
市场化阶段	价格由供需决定，上下限受政府管控，市场流动性高，价格波动性高	特征参数法	期货价格、拟合参数

（7）在产品价格浮动机制方面，不同市场阶段适用的浮动机制见表 7-4。在天然气市场化程度低的情况下，应该根据产品的调配难度设计价格浮动机制；在天然气市场化程度高的情况下，应该根据产品的财务价值设计价格浮动机制。

表 7-4　不同天然气市场发展阶段适用的价格浮动机制

天然气市场化程度	天然气价格特征	价格机制基础	价格浮动机制
管制阶段	价格受政府管控，由门站价和上浮比例决定	调配难度	基于调配难度的价格浮动机制
过渡阶段	价格由供需决定，上下限受政府管控，市场流动性低，价格波动性低	调配难度+财务价值	基于调配难度向基于价值评估的价格浮动机制过渡转换
市场化阶段	价格由供需决定，上下限受政府管控，市场流动性高，价格波动性高	财务价值	基于价值评估的价格浮动机制

（8）川渝地区目前处于过渡阶段的初期，考虑到储气服务市场尚处于推行阶段，应采用理论中管制阶段或过渡阶段初期的推荐方案。作为西南地区目前拥有的唯一储气库运营平台公司，重庆储运公司是实证研究的主要对象。推荐重庆储运公司在运营初期采用"代储代管+

自储自销"的运营模式，采用"注采季产品"作为单一的产品出售，并基于调配难度对产品进行溢价。在川渝地区市场化程度进一步发展后，重庆储运公司应根据发展阶段选择理论成果中相应的运营模式、产品组合及价格模式。

7.2 相关建议

（1）随着市场化改革的推进，可根据本书理论成果支撑储气库的运营、产品、定价机制。

主要应用流程为：首先确定当前市场发展阶段，再根据市场发展阶段对应运营、产品、定价方面的推荐方案，并结合实际情况做出调整。最终目的是实现储气资源优化配置，提升储气库效益。具体的应用步骤见7.3节。

储气库的运营商可根据本书成果，进行在不同市场环境下储气库适用的运营、产品以及价格浮动模式等方面运作上的决策。同样政府机构也可根据本书结果，在不同的天然气市场发展阶段，给储气库运营商制定不同力度的指导与监管。

（2）推进储气服务产业市场化与天然气市场化改革同步深入。

储气服务产业市场化与天然气市场化改革是相辅相成，共同推进的。天然气市场化改革的推进可以促使储气服务财务价值的实现，从而提升储气库商业化运营的效益水平，并增加客户对储气服务的需求程度。而储气服务市场的推广也会促进平衡市场上的供应与需求，协助天然气市场的健康与平稳发展。

（3）推进交易中心建设，为储气服务产品的交易提供平台。

交易中心在未来将作为储气服务产品的交易平台，为储气服务提供线上交易。只有通过线上平台多社会多方开放储气服务，才能够调动储气服务多元化的需求，促进储气服务市场繁荣发展。

（4）推进储气库智能化、数字化建设与管理，提高储气库的调配能力，并将实时的调配能力与产品的注采能力相结合，提高储气服务的财务价值。

随着天然气市场化程度的增加，市场需求会发生更为多样的变化。储气库财务价值的实现很大程度依赖于储气库的调配能力。通过储气库的智能化、数字化建设与管理，提升储气库的调配能力，使得储气库能够更为精细地管理工作气量。更高的库容控制水平能够在未来支撑储气库实现更为多样的产品组合，帮助储气库提供更为优质的储气服务，提升储气库效益。

（5）在建设阶段，重视储气库注采能力，有益于储气库的注采能力将体现出更高的价值。

在储气库的建设阶段，应该加强对储气库注采能力建设的重视程度。根据储气库财务价值评估的计算，随着天然气市场化程度，注采能力的增加将会显著提升储气服务的财务价值。在建设阶段设计更高的注采能力，将有助于储气库在未来储气服务市场的活跃阶段获取更高的效益水平。

7.3 应用指南

本书建立了在天然气市场化发展的不同阶段储气库运营、产品、价格适用模式的理论体系，关于这些理论的内涵，在报告中有详细论述。对于储气库运营商的管理者而言，则需要在无须完全理解这些理论的情况下，将理论成果应用到实践中。因此，本节给出理论成果应用指南，用于指导储气库运营者在不同的天然气市场发展阶段判断当前应该采用的运营模式以及产品、价格方案等方面的问题。需要注意的是，本书的理论旨在给出较为通用性的解答，具有较强的普适性。但对于具体储气库的运营、产品、定价方面的问题，则需要结合储气库与天然气市场发展的实际情况，得出更为具体的策略。

本书理论成果应用流程图如图 7-1 所示。

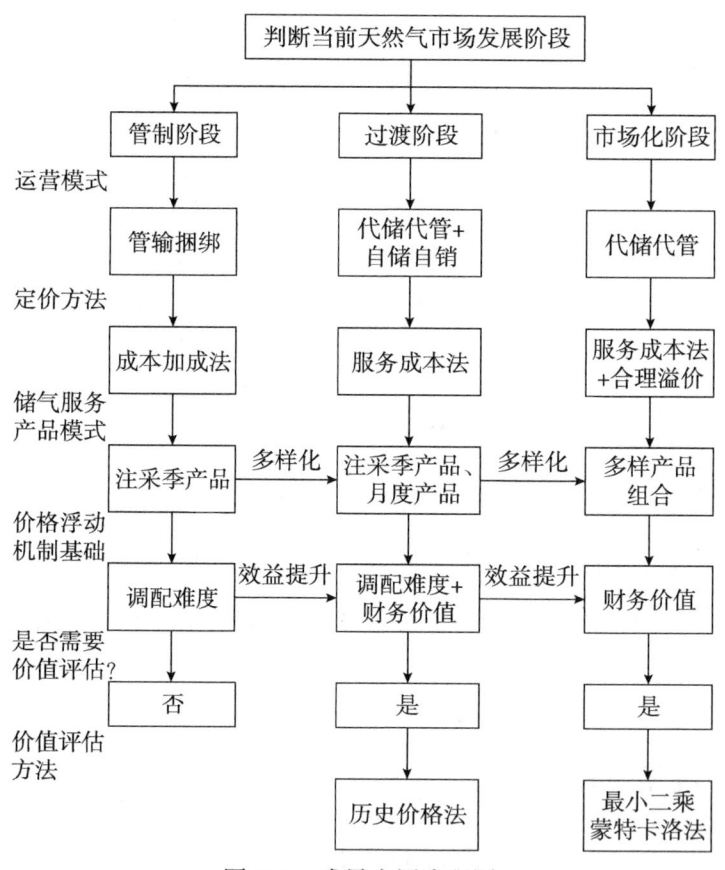

图 7-1 成果应用流程图

注：（1）管制阶段不推荐使用以代储代管模式运营，但若有提供储气服务需求，则只推荐注采季产品作为单一产品出售。

（2）在过渡阶段初期，储气服务市场发展初始阶段，提供的储气服务应按照管制模式推荐运行。

结合图7-1，理论成果的应用分为以下几个步骤：

（1）判断当前天然气市场的发展阶段。主要结合当前市场特征与几种市场阶段的特征相对照，得出市场阶段为管制阶段、过渡阶段或是市场化阶段。

（2）根据市场发展阶段判断适用的运营模式。在管制阶段不适用独立运营，作为管输一环收取储转费；在过渡阶段采用代储代管结合自储自销的运营模式；在市场化阶段采用代储代管的运营模式。

（3）根据运营模式确定储气服务的定价方法。非独立运营模式下，采用成本加成法进行定价；独立运营的过渡阶段，主要采用服务成本法进行定价；独立运营的市场化阶段，则采用服务成本法并结合财务价值的合理溢价进行定价。

（4）根据市场阶段判断产品组合模式。在管制阶段，通常不需要储气服务产品，若要以产品形式提供服务，则仅推荐注采季产品作为单一产品；在过渡阶段，推荐月度产品和注采季产品作为产品组合，产品组合多样性可随市场化程度增加而增加；在市场化阶段，则推荐采用符合工程限制前提下尽可能多样化的产品组合，以提升经济效益。

（5）根据产品组合类型判断产品价格浮动机制。对于单一产品，应更具操作中的调配难度进行产品溢价；对于过渡阶段产品组合，不同产品之间根据财务价值进行价格区分，对于更高注采自由度的实现，则根据调配难度进行溢价；对于市场化阶段多样的产品组合，则完全根据产品财务价值进行溢价。

（6）根据价格浮动机制，判断是否需要进行价值评估。通常，只有基于财务价值的价格浮动机制才需要进行价值评估。

（7）根据市场发展阶段，判断价值评估方法。在过渡阶段，采用历史价格法；在市场化阶段，采用最小二乘蒙特卡洛法。

  本书理论的主要应用对象是储气库运营平台公司或独立运营商，产品的交易平台可以以线上交易或线下合约的形式进行。对于线上交易，中国未来主要依赖于上海与重庆两大石油天然气交易中心作为平台。交易可存在一级市场和二级市场。在一级市场，储气库运营商出售储气服务；在二级市场，储气服务可在用户之间进行转让。

参考文献

[1] 丁国生，李春，王皆明，等．中国地下储气库现状及技术发展方向 [J]．天然气工业，2015，35（11）：107-112．

[2] 张刚雄，李彬，郑得文，等．中国地下储气库业务面临的挑战及对策建议 [J]．天然气工业，2017，37（1）：153-159．

[3] 洪波，丛威，付定华，等．欧美储气库的运营管理及定价对我国的借鉴 [J]．国际石油经济，2014（4）：23-29．

[4] 胡奥林，何春蕾，史宇峰，等．我国地下储气库价格机制研究 [J]．天然气工业，2010，30（9）：91-96．

[5] 徐博，张刚雄，张愉，等．我国地下储气库市场化运作模式的基本构想 [J]．天然气工业，2015，35（11）：102-106．

[6] 刘剑文，孙洪磊，杨建红．我国地下储气库运营模式研究 [J]．国际石油经济，2018，26（6）：59-67．

[7] 粟科华，李伟，辛静，等．管网独立后我国储气库公司的经营策略探讨 [J]．天然气工业，2019，39（9）：132-139．

[8] 李伟，粟科华，寇忠，等．美国独立地下储气库运营模式与启示——以 Youth Gas 储气库公司为例 [J]．国际石油经济，2019，27（3）：73-80．

[9] 徐东，唐国强．中国储气库投资建设与运营管理的政策沿革及研究进展 [J]．

油气储运，2020，39（5）：481-491.

[10] 王震，任晓航，杨耀辉，等.考虑价格随机波动和季节效应的地下储气库价值模型[J].天然气工业，2017，37（1）：145-152.

[11] 李锴，郭洁琼，周韬.中国地下储气库市场化产品研究与经济分析[J].油气储运，2021.

[12] 刘丽文.生产与运作管理[M].北京：清华大学出版社，2002.

[13] 王元刚，李淑平，齐得山，等.考虑垫底气回收价值及资金时间价值的盐穴型地下储气库储气费计算方法[J].天然气工业，2018，38（11）：122-127.

[14] 杨义，陈进殿，王露，等.中国储气库业务发展前景及运营模式发展路径探析[J].油气与新能源，2021.

[15] 白振瑞，牟效毅.竞争性市场环境下的储气库监管——美英储气库监管经验及启示[J].国际石油经济，2020，28（6）：24-32.

[16] 曾大乾，张俊法，张广权，等.中石化地下储气库建库关键技术研究进展[J].天然气工业，2020，40（6）：115-123.

[17] 公维龙，田磊，王达，等.基于天然气全产业链评价储气库的经济效益[J].天然气工业，2020，40（3）：157-163.

[18] 吕淼.对加快我国储气调峰设施建设的思考[J].国际石油经济，2018，26（6）：10-14.

[19] 任晓光，粟科华，刘建勋，等.美国储气调峰体系现状及其对中国的启示[J].国际石油经济，2020，28（6）：33-40.

[20] BOOGERT A, DE JONG C. Gas storage valuation using a Monte Carlo method[J]. The journal of derivatives, 2008, 15(3): 81-98.

[21] DE JONG C. Gas storage valuation and optimization[J]. Journal of Natural Gas Science and Engineering, 2015, 24: 365-378.

[22] LONGSTAFF F A, SCHWARTZ E S. Valuing American options by simulation: a simple least-squares approach[J]. The review of financial studies, 2001, 14(1): 113-147.

[23] WU O Q, WANG D D, QIN Z. Seasonal energy storage operations with limited flexibility[J]. Ross School of Business Paper, 2011(1160).

[24] BJERKSUND P, STENSLAND G, VAGSTAD F. Gas storage valuation: Price modelling v. optimization methods[J]. The Energy Journal, 2011, 32(1).

[25] BOOGERT A, DE JONG C. Gas storage valuation using a multifactor price process[J]. The Journal of Energy Markets, 2011, 4(4): 29-52.

[26] BOROVKOVA S, GEMAN H. Seasonal and stochastic effects in commodity forward curves[J]. Review of Derivatives Research, 2006, 9(2): 167-186.

[27] FELIX B, WOLL O, WEBER C. Gas storage valuation under limited market liquidity: an application in Germany[J]. The European Journal of Finance, 2013, 19(7-8): 715-733.

[28] IBRAHIM H, ILINCA A, PERRON J. Energy storage systems—Characteristics and comparisons[J]. Renewable and sustainable energy reviews, 2008, 12(5): 1221-1250.

[29] SCHWARTZ E S. The stochastic behavior of commodity prices: Implications for valuation and hedging[J]. The Journal of finance, 1997, 52(3): 923-973.

[30] THOMPSON M. Natural gas storage valuation, optimization, market and credit risk management[J]. Journal of Commodity Markets, 2016, 2(1): 26-44.

[31] WARIN X. Gas storage hedging[G] //Numerical methods in finance. [S.l.]: Springer, 2012: 421-445.

[32] ZANGL G, GIOVANNOLI M, STUNDNER M, et al. Application of artificial

intelligence in gas storage management[C] //SPE Europec/EAGE annual conference and exhibition. 2006.

[33] GRAY J, KHANDELWAL P. Towards a realistic gas storage model[J]. Commodities Now, 2004, 7(2): 1–4.

[34] EYDELAND A, WOLYNIEC K. Energy and power risk management: New developments in modeling, pricing, and hedging: Vol 97[M]. [S.l.]: John Wiley & Sons, 2002.

[35] MANOLIU M. Storage options valuation using multilevel trees and calendar spreads[J]. International Journal of Theoretical and Applied Finance, 2004, 7(04): 425–464.

[36] LAI G, MARGOT F, SECOMANDI N. An approximate dynamic programming approach to benchmark practice–based heuristics for natural gas storage valuation[J]. Operations research, 2010, 58(3): 564–582.

[37] PARSONS C. Quantifying natural gas storage optionality: a two–factor tree model[J]. Journal of Energy Markets, 2013, 6(1): 95–124.

[38] SCHLÜTER S, DAVISON M. Pricing an European gas storage facility using a continuous–time spot price model with GARCH diffusion[R]. [S.l.]: IWQW Discussion Papers, 2010.

[39] DE JONG C, WALET K. To store or not to store[J]. Energy Risk, 2003: S8–S11.

[40] THOMPSON M, DAVISON M, RASMUSSEN H. Natural gas storage valuation and optimization: A real options application[J]. Naval Research Logistics (NRL), 2009, 56(3): 226–238.

[41] CARMONA R, LUDKOVSKI M. Valuation of energy storage: An optimal switching approach[J]. Quantitative finance, 2010, 10(4): 359–374.

[42] CHEN Z, FORSYTH P A. Implications of a regime-switching model on natural gas storage valuation and optimal operation[J]. Quantitative Finance, 2010, 10(2): 159-176.

[43] CUMMINS M, KIELY G, MURPHY B. Gas storage valuation under multifactor Lévy processes[J]. Journal of Banking & Finance, 2018, 95: 167-184.

[44] LÖHNDORF N, WOZABAL D. Gas storage valuation in incomplete markets[J]. European Journal of Operational Research, 2021, 288(1): 318-330.

[45] CURIN N, KETTLER M, KLEISINGER-YU X, et al. A deep learning model for gas storage optimization[J]. arXiv preprint arXiv:2102.01980, 2021.

[46] DEVINE M T, RUSSO M. LNG and gas storage optimisation and valuation: Lessons from the integrated Irish and UK markets[R]. [S.l.]: ESRI Working Paper, 2018.

[47] KECHEJIAN H, OHANYAN V K, BARDAKHCHYAN V G. Gas storage valuation based on spot prices[J]. Modeling of Artificial Intelligence, 2018(5-1): 22-28.

[48] LUDKOVSKI M, MAHESHWARI A. Simulation methods for stochastic storage problems: A statistical learning perspective[J]. arXiv preprint arXiv:1803.11309, 2018.

[49] ZHANG J, TAN Y, ZHANG T, et al. Natural gas market and underground gas storage development in China[J]. Journal of Energy Storage, 2020, 29: 101338.

[50] LUST A, WALDMANN K-H. A general storage model with applications to energy systems[J]. OR Spectrum, 2019, 41(1): 71-97.

扫描二维码查看电子版参考文献